关键改变
如何实现自我蜕变

科里·帕特森（Kerry Patterson）
约瑟夫·格雷尼（Joseph Grenny）
[美] 戴维·马克斯菲尔德（David Maxfield） 著
罗恩·麦克米兰（Ron McMillan）
艾尔·史威茨勒（Al Switzler）

许金凤 译

图书在版编目（CIP）数据

关键改变：如何实现自我蜕变 /（美）科里·帕特森（Kerry Patterson）等著；许金凤译 . —北京：机械工业出版社，2018.10（2025.4 重印）

书名原文：Change Anything: The New Science of Personal Success

ISBN 978-7-111-61042-7

I. 关… II. ①科… ②许… III. 成功心理–通俗读物 IV. B848.4-49

中国版本图书馆 CIP 数据核字（2018）第 222460 号

北京市版权局著作权合同登记　图字：01-2018-3642 号。

Kerry Patterson, Joseph Grenny, David Maxfield, Ron McMillan, Al Switzler. Change Anything: The New Science of Personal Success.

Copyright © 2011 by VitalSmarts, LLC.

Simplified Chinese Translation Copyright © 2018 by China Machine Press.

Simplified Chinese translation rights arranged with VitalSmarts, LLC through Andrew Nurnberg Associates International Ltd. This edition is authorized for sale in the Chinese mainland (excluding Hong Kong SAR, Macao SAR and Taiwan).

No part of this book may be reproduced or transmitted in any form or by any means, electronic or mechanical, including photocopying, recording or any information storage and retrieval system, without permission, in writing, from the publisher.

All rights reserved.

本书中文简体字版由 VitalSmarts, LLC 通过 Andrew Nurnberg Associates International Ltd. 授权机械工业出版社在中国大陆地区（不包括香港、澳门特别行政区及台湾地区）独家出版发行。未经出版者书面许可，不得以任何方式抄袭、复制或节录本书中的任何部分。

关键改变：如何实现自我蜕变

出版发行：机械工业出版社（北京市西城区百万庄大街 22 号　邮政编码：100037）	
责任编辑：冯小妹	责任校对：殷　虹
印　　刷：固安县铭成印刷有限公司	版　　次：2025 年 4 月第 1 版第 16 次印刷
开　　本：170mm×230mm　1/16	印　　张：14.25
书　　号：ISBN 978-7-111-61042-7	定　　价：65.00 元

客服电话：（010）88361066　88379833　68326294

版权所有·侵权必究
封底无防伪标均为盗版

谨将此书献给阿尔伯特·班杜拉㊀

㊀ 美国心理学家,研究方向为儿童心理学。

赞 誉
CHANGE ANYTHING

一个非常实用的工具箱……给所有寻求改变生活的人以警醒,并提供了有关操作步骤的积极建议。

《图书馆期刊》

本书为渴望自我改变的领导者提供了丰富的资源,对希望指导他人渡过难关的人也是如此。

《华盛顿邮报》

《关键改变》并不会为你所面临的挑战提供"以一顶百"的解决方法。相反,它会教你怎样为自己量身定做一些简单的策略,并帮助你实现个人价值。

玛莎·斯莫夫,畅销书《快乐,不需要理由》和
《给女性写的心灵鸡汤》的作者

一本巧妙地、理智地、具有战略眼光地带领读者循序渐进改变自己,打破长久恶习的指导书,也是一份十分详尽的具有全局性的计划,通过带

有激励意义的案例研究，从各个角度来解决问题，做出系统性的改变，并且促进积极的改变。

《出版人周刊》

《关键改变》在个人层面上十分有效，并且对员工的自我改变有很大帮助，使他们取得更好的表现，从而实现更成功的职业生涯。

美国培训与发展协会

| 前 言 |
CHANGE ANYTHING

我们的承诺

本书的宗旨十分简单——只要运用书中提出的这些基本准则与策略，你就可以快速、彻底、持续地改变自己的行为（甚至是某些根深蒂固的恶习）。在这一过程中，你将会惊喜地发现，自己在生活中各个领域的表现都会有显著的进步！

为了弄明白到底什么因素会影响我们的行为这一终极问题，我们在"改变一切"实验室㊀中观测研究了超过5 000名"成功者"，我们想知道他们奋斗的历程以及在此期间采用了怎样的策略与尝试，从而最终取得成功。这些勇敢的参与者目标如下：

- 实现事业腾飞。85%的受访者表示他们曾经错失晋升或是加薪的良机，因为他们未能做出上司期待的改变，他们都知道自己现在的行为模式亟需改变，但都苦于无从下手。
- 达到财务健康。不到1/5的成年人正在改善他们的财务状况以使他们的未来更有保障，而他们的首要障碍是他们的行为模式。我们都

㊀ 文中作者说明了存在这样一个实验室专门用于研究"改变一切"。

知道改善财务状况的方法无非两种：花钱少一点，存钱多一点。但问题就在于，我们都不知道怎样做好这两件看似简单的事。

- 挽回紧张的关系。我们研究了350段处于崩溃边缘的人际关系后发现，关系恶化并不是由于情感因素，而是源于行为因素。那些成功挽回甚至强化了与朋友和爱人之间关系的人，都是因为他们改变了对待朋友和爱人的方式。
- 在组织变革中立于不败之地。很多受访者表示，他们正在努力适应老板强加给他们的具有挑战性的工作，很多人表示自己在组织中被强迫做一些非自愿的事情，并深受其害。但还有一些人，他们有策略地研究了工作内容并做出了相应的调整，以恢复他们的控制感，甚至改善了他们的职业前景。
- 减肥、健身、坚持。如今死亡和疾病的一大元凶既不是病毒也不是基因，而是我们的日常行为模式。那些成功跨过节食瓶颈的人并不是找到了什么灵丹妙药或神奇的工具；相反，一份雷打不动的健身计划使得他们最终得以把健康作为日常的生活习惯。
- 逃离成瘾。克服成瘾的终极方法并不是找到其解药，而是改变看似棘手的日常习惯。那些成功摆脱成瘾的人的秘诀就在于，他们把追求个人成功的策略运用于面对各种挑战，无论是有意还是无意，他们最终都获得了成功！

研究那些不论是处于成瘾困境还是努力改变职业生涯以及挽救紧张关系的生动例子使我们看到了希望。试验中数百名受调查者（我们称他们为"改变者"）不仅成功改变了他们自身的各种不良习惯，而且将这些改变成功保持了3年甚至更久。这样一个充满希望的群体吸引了我们,因此我们决定对他们进行详细研究,我们在他们身上发现了"个人成功之道"。这些"改变者"不论身处肯尼亚的基昂古^㊀,还是加利福尼亚的卡梅尔,不论是克服酒精成瘾,还是改变懒散的生活方式,他们无一例外地采用了影响行为模式的原则(后文将详细介绍)。

在"成功的改变者"光鲜的背后,是曾经无尽的坚持。他们曾在黑暗中苦苦摸索,经历了漫长的黑夜才有了今天的改变。但现在有了这本书,你可以避免独自探索成功之道的艰辛。一旦你对成功之道融会贯通,你在未来对于成功的探索与尝试也将更加自由灵活,其效率必然也会有极大的提升。本书提到的方法与策略将会使你有意识地去运用别人需要努力才能发现的东西,而这将极大地加快你通往成功之路的脚步。

每个人都可以拥有成功。我们最近的一项研究显示,你将要学习到的方法会在你身上发生不容小觑的改变,用更数学一点的表达来说就是"指数级的改变"。运用本书所提供的方法的人比运用其他方法的人会在成功路上走得更远。

另外一则好消息是不论你想改变工作习惯还是想改正生活中的坏习惯,使用本书中所提到的方法都不会让你失望。举个例子,在本次试验中,很多人在成功克服生活中的某些挑战之后发现,自己的工作业绩竟提高了一半之多!他们的例子告诉我们,这样的策略可谓一石二鸟。"成功的改变者"同样也表示,当工作中的表现大大提升时,他们生活中的压力也会得到有效改善,对家庭生活也会更加有信心。最终他们能够在生活与

㊀ 该地名属于音译。

学习中实现双赢。

所以，让我们一起重拾希望，整装待发，共同来学习个人"成功之道"吧！每个人都可以实现改变并且使其持续下去。跟随这些"成功的改变者"的脚步，你也可以最终成为他们中的一员。只要你行动起来，一旦习得了书中所述的基本原则与方法策略，你就可以实现真正的改变一切。

| 致 谢 |
CHANGE ANYTHING

我们所著的每一本书都在时时刻刻地提醒我们：不要忘记这些支持我们的人，我们应该一直对他们怀有最诚挚的感激之情。

本书能顺利出版，首先要感谢以下各位：

- 感谢亲爱的家人们，感谢你们的默默支持与无尽的爱。
- 感谢在"活力睿智训练中心"一直辛勤工作的同事们，你们的工作为本书的面世做出了巨大的贡献。
- 感谢我们的助理、培训师以及国际合作伙伴在"活力睿智训练中心"中为全球客户所提供的高度专业化的服务。
- 感谢我们的训练师，你们提供的"关键对话"还有"关键会议"以及"改变项目训练"都体现了你们全心全意为本书奉献的可敬精神。
- 感谢全力配合我们进行试验研究的这些参与者，你们积极地参与我们的整个调查以及采访，还有在"改变一切"实验室进行的一切试验。
- 感谢那些辛勤耕耘的学者们，你们的研究成果为我们探索"关键改变"提供了更加科学的理论依据。

我们还要特别感谢以下可爱的人：

- 明迪·韦特女士，我们的主编，也是我们在"活力睿智训练中心"的秘密撒手锏。
- 玛格丽特·马克斯菲尔德以及 T. P. 利姆，本书最早的两位读者，他们为本书提供了颇有远见的阅读反馈。
- 瑞克·沃尔夫，我们的执行主编，现在我们有幸在 Business Plus㊀ 公司共事。
- 凯文·斯莫尔，"经纪人"或许已经不足以形容他的伟大了！一位心怀雄心想要改变世界的勇士或许更适合他！
- 安迪·西伯格、玛丽·麦克切斯尼、布里特妮·马克斯菲尔德、迈克·卡特、詹姆斯·爱德以及瑞奇·如塞克也是我们在"活力睿智训练中心"的同事，负责本书成书后的宣传推广工作。

如果本书有幸为我们的世界带来一些好的改变，我们希望以上所有人都能感到充实，因为他们为本书的面世做出了巨大的贡献。

㊀ 美国一家著名出版公司。

| 目　录 |
CHANGE ANYTHING

赞　誉
前　言
致　谢

| 第一部分 |

成 功 之 道

远离意志力陷阱 2

人们无法做出改变，通常是因为他们不了解促使他们改变的原因或者对其知之甚少，缺乏意志力只是其中很小的一个原因，他们完全不了解让他们之所以这样行动的6种影响力来源或者只知一二，比起那些看得见的有促进作用的影响力来源，还有更多看不见的影响力来源正在阻碍着他们。我们的研究显示，学会辨别并使用这6种影响力来源的人，相比没有认识到的人在自己和他人的生活中创造深远、快速且持久改变的可能性要高出10倍。

成为专家以及研究对象 22

当我们不再为特殊的挑战寻找现成的答案时，改变才能发生。你是独一无二的，对你起作用的改变计划也是独一无二的。为了找到它，你需要同时成为专家以及你自己独特试验的研究对象。当你拥有这一思维模式时，每一种坏事都会变成有用的"数据"信息。你会越来越善于影响自己，直到最后你发展出一份最适合你"自己"这一研究对象的改变计划。

| 第二部分 |

6种影响力来源

来源一　**爱上你所厌恶的东西** 42
如果你曾成功做出改变并维持这种改变,你必然会学会克制自己的冲动并且使你的正确抉择变得令人愉悦。可以维持改变的唯一办法就是改变给你带来愉悦感的东西。我们怎样才能学会改变自己的爱好呢?

来源二　**做你不会做的** 60
如果改变需要耗费大量的精力,很有可能是因为你缺乏技巧。当改变变得困难时,我们就会将其归咎于自己的性格,但往往不是性格的错。我们并不知晓那些改变将教会我们一些关键技巧。问题不在于你意志薄弱,而在于你无门而入,这两者是完全不同的!缺乏知识好解决,并且见效迅速。只需要几周刻意的练习,你就能掌握让改变变得轻松且持久的技巧。

来源三和四　**把共犯变成盟友** 74
好习惯或坏习惯是一项团队运动,养成或者维持习惯需要很多的伙伴参与。几乎没有人知道有多少因素会通过鼓励和支持糟糕的选择来摧毁他们改变的动力,如果你想改变自己的行为,则需要"把共犯变成盟友"。这种转变往往会伴随着一次又一次与自己的关键谈话。为你的影响策略消灭一些共犯、增加一两个盟友,你的成功概率将会增加40%左右。

来源五　**改变经济模式** 92

短期来看，坏习惯往往十分廉价，并且人类总是把及时享乐看得比日后要面临的惩罚更重要。你可以积极地使用自己的理性扭转这种反经济的行为。令人惊讶的是，你可以通过"贿赂"自己来改变动机，这会很有用！你同样可以通过提高坏习惯所带来的代价来改变成本。研究表明，你可以"给自己放点血"，这会显著地改变你的行为。

来源六　**掌控所处的环境** 103

我们对所处环境中各种控制我们的因素一无所知。环境极大地影响了我们的所思、所感以及所为。如果你想控制自己的生活，你就需要掌控自己所处的环境。学会使用距离、诱因以及工具来帮助自己。最终你可以将环境变成自己有力且永远不知疲倦的盟友。

| 第三部分 |

如何做到关键改变

善于改变的人设立了关键行为并将 6 种影响力来源应用于其中，从而显著改善了与同事、爱人以及自己之间的关系。向这些真实的案例学习怎样将所有的战略和个人改变的方法运用到一份有效率的改变计划中，最终实现事业腾飞、减肥成功、财务健康、成功脱瘾以及修复人际关系。

职业　**怎样在工作中脱困** 121

减肥　**如何减肥健身以及保持好身材** 135

财务健康　**如何摆脱债务以及永不陷入债务之中** 155

成瘾　**如何重掌生活** 172

| 关系 | **如何通过改变"我"来改变"我们"** 190 |
| 总结 | **怎样改变一切** 209 |

作者简介 212

| 第一部分 |
CHANGE ANYTHING

成功之道

远离意志力陷阱

　　市面上任何一本宣称可以帮助你改变生活以及职业生涯的书都应基于严格准确的科学研究。例如，增加你的可支配收入、帮助你进行职业选择、保持身体健康，抑或是减少吸烟、控制食物摄入或是缓解紧张的人际关系。不仅如此，其研究结果理应达到数学上3位小数点那般精确。更为关键的是，书中所给出的建议都应该基于人类样本的试验研究结果，而不是拿老鼠或者猴子糊弄过关。

　　在有了这样的思考之后，本书的个人"成功之道"探索之旅即将开启，秉承专注的科学探索精神，我们将深入了解人类习惯对于其个人成功的意义与影响。此次试验将在"改变一切"实验室开展，该实验室位于犹他州的瓦萨奇山脉脚下。我们将以此为根据地，在这里查阅文献，搜寻当代社会科学领域的重大研究发现。我们还将对"成功的改变者"进行采访，还原他们曾经所经历的巨大挑战。这些"成功的改变者"在之前顺利克服了他们所面临的挑战，并在3年内保持着他们的佳绩。这些"成功的改变者"以及有关于他们的研究为我们提供了众多实用的建议和具有科学性的试验结果,这让我们明白,改变是可行的,但好的改变才是最为重要的。

我们决定于实验室中开展一项有趣的研究。研究对象是一位名叫凯勒的 4 岁小男孩,我们打算对他抵制诱惑的能力进行测试。我们似乎可以从他紧张的面部表情推断出在本次试验中他一定会以失败告终。为了开展本次试验,我们在凯勒面前放了一张桌子,上面是一份几乎让全天下的小孩子都欲罢不能的美味棉花糖。

50 多年前,心理学界元老级人物沃尔特·米歇尔○曾做过一个著名的棉花糖试验,结果表明,那些能一直坐在棉花糖面前并且克制自己在整整 15 分钟以内不吃掉它的小孩会比那些抢先拿起这份美味并马上享用的小孩在未来生活的各个领域中都更加有所建树(试验人员事先都会说明他们需要等待 15 分钟才会拥有第二块棉花糖)。

在后来的 20 年间,米歇尔持续追踪调查了这批小孩。他发现,当年那些延迟满足能力更强的小孩子在标准化的考试中成绩更高,并且他们的社交网络也更强大,在工作中经常受到提拔,总体生活幸福指数更高。米歇尔最终得出结论:延迟满足能力对个人的成功有很大影响。

意志力陷阱

令人大跌眼镜的是,直到今天很多人从这个试验中得到的都是错误结论,而落入了所谓的"意志力陷阱"。他们假定那部分在延迟满足能力方

○ 美国著名心理学家。

面更强的孩子生来就有更强的意志力。因为在当时来看，这项研究中成功抵制住诱惑的孩子们体现出更多的是性格力量。因此，毫无疑问，他们未来的生活会更加快乐，更加成功。归根结底，他们在性格上天生就更强。

而这就是大多数人在解释我们为什么不能改变自己的坏习惯时做出的简单假设。当我们旧瘾复发，疯狂购物，因为一些无关紧要的小事就向同事大发脾气，拖延工作任务或者暴饮暴食时，我们都将这些失败归结于缺乏意志力。显然，我们并没有足够想要追求意志力的欲望，因为还没有把自己逼到某个极限。而讽刺的是，当我们取得成功时，我们又会吹嘘自己的勇气、坚毅和承诺。不论是以哪种方式，当在解释自己为什么要做某件事、为什么有某种想法时，最终的功劳或过错都会算在一种东西的头上——意志力。

这种过度简化的思想简直大错特错。错误的原因在于它本身并不完整，而更离谱的是当我们试图去改变自己的坏习惯或是进行自我提升时，这种想法会让我们束手无策。当人们坚信自己能否进行正确选择取决于他们的意志力而非其他因素时，尽管他们往往对于自己天生是否有意志力也不甚清楚，但他们最终会停止尝试。意志力陷阱把我们困在一种令人沮丧的循环中，这一循环始于对改变的英勇承诺，而随之而来的是不断被侵蚀的动机，以及不可避免的因旧习惯复发而停止改变的想法。然后，在新一轮坏习惯建立起来的痛苦变得无法忍受时，我们又会振作起来开始另一次英勇但注定失败的尝试。我们觉得自己好像是在攀登高峰，而其实只是在平地上前行。人们付出了很多努力，却没有丝毫进步，这就是所谓的意志力陷阱。

幸运的是，米歇尔将这个研究更推进了一步。在最初的试验基础之上,他和另一位著名心理学家阿尔伯特·班杜拉提出了一个关键问题,所谓的意志力是一种后天可以学习的技能吗?这两位学者猜测,能够有效控制自己欲望的这部分孩子比起另一部分屈服于美食诱惑的孩子并非只是动机性更强,而是他们拥有更强的能力。在控制欲望之路上,这些孩子事先就习得了一些小小的技能。

这个问题的重要性不言而喻。一旦两位心理学家证明他们的猜测是对的,那就意味着控制冲动的能力并非是天生的。尽管毅力等相关的意志力方面的性格特征都与基因有关,但技能依然可以通过后天学习来获得。对于延迟满足能力的这一解释给我们所有人都带来了希望,这也是我们在"改变一切"实验室坚持观察和研究凯勒和他同龄的 27 个小朋友的最大原因。我们迫切地想知道,能否通过教授当代的孩子们一些控制欲望的实用技能,来帮助他们提高延迟满足能力,而不是坐视不管,做着能够获得超人般意志力的白日梦。

为了验证我们的理论,我们再现了当年米歇尔的试验。让一群小孩子坐在一份棉花糖前,并且告诉他们如果能够在 15 分钟内不吃掉棉花糖,就会再得到一份额外的棉花糖奖励。这部分孩子组成了本次试验的对照组,不出所料,这次孩子们的表现和当年的试验简直如出一辙。1/3 的孩子在棉花糖面前艰难地挣扎了 15 分钟,而其余 2/3 的孩子不到 15 分钟就对自己面前的棉花糖缴械投降。

接下来的试验组,情况就要更复杂一些了。试验组由凯勒和另外 13 个 4 岁左右的孩子组成,我们设置了同样的试验条件(即一份棉花糖和一份完成试验就能获得的甜食奖励)。但不同的是,这一次我们会教给他们一些实用的技能,这些技能在他们想有意延迟自己满足能力时会有所帮助。不同于简单地告诉他们要沉住气来慢慢等待,我们教他们用空间距离以及转移注意力的方式来控制自己的行为。

接下来就是这些孩子们在试验中表现出的一些十分有趣的画面。试验进行到 6 分钟时,凯勒开始拧紧眉头,似乎在想象着要是用舌头舔一舔面前的这份棉花糖那该是多么的美味啊!这表明他似乎快要屈从于美食诱惑。但在这时我们教授的技能开始发挥作用,凯勒决定转过身子背对着诱惑,嘴里开始念念有词。他在念一则爸爸妈妈睡前经常给他读的枕边故事。显然他在尝试一切可以使用的办法来远离桌上的诱惑,让自己分心不再去想它,而非仅仅求助于单薄的意志力。

几分钟后,凯勒终于战胜了诱惑,成功完成了试验。他喜出望外,手里抓着自己努力换来的两块棉花糖,自豪地走出了实验室。"我成功啦!"凯勒一边开心地大叫着,一边把两个棉花糖都塞进了嘴巴。事实上,在教授了一些转移注意力的小技能后,超过 50% 的孩子都成功做到了抵制第一块棉花糖的诱惑,成功完成了试验,获得了额外的第二块棉花糖奖励。这一试验表明,个人成功的最大障碍不是缺乏勇气、胆量或是意志力,而过分迷信意志力才是改变的唯一关键要素。

盲目的我们

我们从凯勒和他的朋友们身上学到了什么呢?要想抵制诱惑,仅仅依赖于个人的动机是完全不够的;而在改变自己的行为模式时,一些必要的技能有着不容小觑的作用。但可悲的是,人们了解的人类行为模式以及改变自己行为模式的方法都是不完整的。依赖于我们自己脑中简单但实际上缺乏强有力论据的人类行为模型时，我们总是习惯性地忽视这样一个事实，实际上生活中有很多影响因素，它们既可能促进也有可能阻碍我们的行为。比方说个人能力，它也只是众多影响因素之一。事实上，生活中总是有许许多多的影响因素一直在影响我们的行为。

或许此刻你正处于意志力陷阱而无法自拔。假设目前你正处于煎熬的戒烟期、戒酒期或是戒毒期，立即彻底停止这些习惯是否是实现改变的最快途径呢？生活中还有很多类似的情况，控制自己购买最新上市的电子设备、克制自己不对爱的人发脾气、坚持早起学习一门对自己职业生涯发展有益的技能，等等。难道真的坚持到底，你就会成功吗？

这里的问题不在于你过分迷信意志力在个人改变中所起的作用，个人的意志力肯定会对个人的选择产生一定的影响；而在于当你完全依赖于强硬的戒断策略时，你会很容易忽略其他因素对于你行为的或好或坏的影响。

举个例子，假设你走进拉斯维加斯或是中国澳门的一家赌场，这里的老板很想将你口袋里用于住宿宾馆的钱吞入囊中。但他并不直接行动，而是采取一系列你认为十分卑劣的方式来影响你。比如，你要投宿的那家宾馆前台恰好在该赌场的内部最里面的地方，需要穿过整个赌场才能到达前台登记入住。在这一段路程中，你必须绕过一张张摆放得像迷宫一般诱人的赌桌以及外表酷炫的老虎机，还有大把的筹码在桌上摆着。社会学家曾对此有过研究，比起输掉现金，人们更乐意用筹码在赌场中挥霍，这下你大概明白了为什么每次去赌场老板都坚持你必须使用筹码才能参与吧？谁想错过这令人激动的胜利欢呼声，还有大堆筹码不断的敲击声？"呼！梆！哐当！"大伙都冲你嚷道："来啊兄弟！说不定下一个赢家就是你呢!"

明眼人其实一眼就能看穿这些影响策略,但我们也不可掉以轻心。赌博中很多的影响策略都设计得十分隐蔽,其目的都在于吞掉你口袋里的钱。赌场的设计者通常会控制场内背景乐以及播放的频率、房间的形状、老虎机指针的长度、地毯的颜色和花纹。通常他们会故意将不搭调的地毯花纹和颜色搭配在一起,造成视觉上的不适,这就会使得顾客们抬头不看地板而径直走向老虎机。类似的策略简直数不胜数。

而在日常的人类活动中,比如饮食、酒瘾、与同事相处以及购物等方面,尽管有关的书籍汗牛充栋,浩如烟海,但它们的关注点都在于教你怎样成为工作狂。结果往往是,这些书籍创造的版税让他们赚得盆满钵满,而你却在迷信成为"工作狂"的过程中只"收获"到了满身堆积的肥肉、受损的肝脏、失败的婚姻,最后甚至还可能破产。

举个例子,你知道最能引人注意的声音是什么吗?答案是婴儿的笑声。婴儿一发出笑声,几乎所有人都会回头来看。声音学家对此有过研究,并且将其充分运用到了广告营销中。曾经北缘大峡谷酒店⊖的一位风琴手偶然间在餐厅播放 Peppie⊜ 的歌时发现,餐厅就餐的顾客明显增多,因为人们普遍都吃得更快,顾客流入与流出餐厅的速度比他们预想的快了很多。你认为顾客之所以选择狼吞虎咽地吃下一顿本来要慢慢享受的午餐是因为当时播放的音乐使他们感到急迫吗?这个问题的答案至今存疑。

这就是为何每当我们面对自我改变这个问题时,跳入脑子里的第一个

⊖ Rim Grand Canyon Lodge,位于美国科罗拉多大峡谷。
⊜ 一乐队。

想法都是我们本身可能缺乏足够的意志与动力。我们面临的最大问题不是我们本身真的很差劲，而是我们太盲目。在改变老毛病这个问题上，一些我们看不到的东西其实才是真正影响我们行为的因素。

同样，正是由于我们无法看清到底有哪些因素在阻碍我们改变，我们就理所应当地把所有罪责都归咎于一个可见的因素之上——那就是我们自己，因为这个因素是如此明显。再者，如果我们本身的种种恶习确实是由于缺乏个人动机，这意味着我们掌握了主动权。我们完全可以主导这些改变，至少在一段时间以内可以鞭策自己成为一个动力十足的人，并朝着好的方向自我改变。

寡不敌众

幸运的是，在对抗那些纵容我们暴饮暴食、小题大做、盲目花钱、虚度光阴、吸烟纵酒、睡懒觉以及沉迷于游戏等种种邪恶欲望的力量时，我们并非仅仅寄希望于不堪一击的所谓意志力。我们还懂得多方求援，比如去捣鼓一下自家坏掉的训练单车，或者试试戒烟贴片，抑或用海报给自己加油打气，也有人跑去上健身课，等等。但坏消息就是，由于每次我们仅仅使用一种方式来对抗那些邪恶的欲望，所以最后起到的作用其实并不大。这些阻止我们改变的力量往往都十分顽固，因为它们总是各方联合一齐上阵。因此在解决自身问题时，我们失败并非仅仅由于盲目，更是因为我们寡不敌众。

不妨通过以下这个情景来理解我们尝试自我改变的典型方式是怎样的。假设你的城市越野车在野外因为没汽油而抛锚，距离最近的加油站有半个街区远，中间是一座不太高的小山包。你决定把这个大块头推到最近的加油站去，但这可不比家里那辆老式旧锡板的大众甲虫车。后者你可以轻松推动，但前者可堪比足球妈妈们的谢尔曼坦克，因此你向路边五六个十分壮硕的大汉挥手示意求助。每个人都使出了全力，嘴里嘟囔着，拼尽了力气往前推着这庞然大物。但每次只有一人上前推。结果你的爱车依旧纹丝不动，顺着车的保险杠[⊖]看去，你的爱车正得意扬扬地朝你示威。

目前来看这个情境已经够绝望了对吧？但后面的情况更糟。我们再想象一下，除了这些帮助你的人都在单打独斗以外，这群人里面其实有6个壮汉在从中捣乱，他们一起往后拽你的车使之后退从而阻止你上山。这样一来，你就明白了为什么自我改变的历程如此艰辛。问题不仅仅在于我们只使用了一种行为影响策略，还在于很多阻碍我们做出改变的因素正在这一过程中起反作用。

以上例子清楚地解释了在自我改变中我们为何总是失败。总的来说，大概有6个因素在影响我们某些根深蒂固的坏习惯，而我们通常只采用其中的一种策略来对抗这些坏习惯的强大组合。当我们的策略失败时，我们先是感到震惊，继而开始去惩罚当初提出这些策略的人——我们自己。这真是一个令人绝望又沮丧的陷阱。

只要你能看见，你就可以做出改变

那么，我们要怎样才能让愿景与数字都如我们所愿呢？凯勒以及那些

⊖　汽车保险杠是吸收和减缓外界冲击力、防护车身前后部的安全装置，形状酷似大笑的嘴巴。

同样成功战胜了棉花糖诱惑的小朋友们给了我们启发：一切皆有可能。在学习了几项简单的技能之后，试验中又有 50% 的被试者成功抵制住了棉花糖诱惑。如果被试者本身就有意抵制诱惑，那么只需要一点小小的技能，他们成功战胜诱惑的概率就会显著提高。同样的策略也会对成年人起作用吗？在与我们内心的恶魔抗争时，如果将那些阻碍我们改变的影响因素与我们内心渴望改变的因素一一匹配，又会出现怎样的结果呢？

为了回答这个问题，我们再次回到了"改变一切"实验室，在这里我们将和海勒姆合作。海勒姆是一位青年科学家，致力于探讨儿童是否会像成年人一样容易被现实蒙蔽，陷入寡不敌众的境地。他的研究团队对某地 5 年级的学生进行了闪电式研究，以检验 6 大行为影响因素是否会影响这部分小学生的行为。并且他们还验证了这部分孩子对于自身所受到的外界影响是否有洞察力。

为了验证影响的多种来源，该试验设置了一个情境，在这一情境下，孩子们会受到成人在社会中所面临的同样的诱惑。例如，尽管内心有为未来攒钱的美好愿景，却忍不住挥霍无度甚至濒临破产。在某个周六的早晨，本次试验正式开始。实时转播试验情况的电视机屏幕前坐着的是这群 5 年级小学生的父母，大家都很紧张，心里明白这些研究人员的目的在于影响他们的小孩在花钱或存钱问题上的行为表现，具体是哪一种还要取决于运气，对于孩子们接下来可能的表现家长们都十分忐忑。自己的孩子究竟会是一个花钱大手大脚的人还是一个善于理财的小管家？好奇的父母们此刻都恨不得立马知道试验结果。

在所有小孩都进入实验室之后，海勒姆为大家解释了后续的活动规则。每一个小孩都会被分配到一个时长为 10 分钟的"职业"，在这一"职业"下包括 4 个简单的任务。每完成一个任务他们就会得到 10 美元的报酬。如果他们按规则行事，就可以轻松获得 40 美元。海勒姆同时也提醒他们沿途会有很多诱惑他们花钱的机会。为了帮助他们抵制住这些诱惑，海勒姆让他们思考一下自己回家以后会怎么花这些钱。

在孩子们谈论着自己即将赚到的钱时，可以明显地看出他们各自对于自己的战利品都有着十分宏伟的计划。关于抵制消费诱惑这一点，他们也显得动力十足。

随后所有人都开始了自己暂时的职业生涯。他们惊讶于赚钱之易。他们的第一个任务是将糖果按自己最不喜欢到最喜欢的顺序排列，这实在太容易了；第二个任务是按字母顺序排列玩具，还有比这更简单的事情吗？

在完成一项任务之后，海勒姆就会给每个被试者 10 美元，并且邀请他们去一次"改变一切"商店，店内有一张柜台，上面摆满了廉价的糖果和玩具。但消费者最先能注意到的是这些商品的价格比起在普通商店购买高出了 5～10 倍。例如，一包九柱游戏⊖用的小柱就标价为 8 美元，但离谱的不仅是价格，最终这群孩子的行为也十分离谱。

情况是这样的，被试者对于自己手里的钱原本都有一个宏伟的计划，他们面临的唯一诱惑是那些高价的糖果与玩具。我们想知道的是这群孩子的选择会受 6 个影响力来源的影响吗？如果会，那这些孩子会意识到吗？

第一个问题的答案无疑是肯定的。研究中第一批被试的 15 个孩子离开实验室时口袋里人均还剩下不到 13 美元（每个人手里本来总共有 40 美

⊖ 九柱游戏是一种模拟保龄球的竞技游戏，用保龄球击倒 9 个木桩的人就是赢家。

元），好几个孩子离开时身无分文，手里只剩下几个高价买下的商品。

有一位疯狂的购物者将自己所有的钱都花在了购买喷丝彩带①上，事后他的妈妈说当他们离开的时候，这个男孩悲伤地看着自己怀里的一堆罐子，遗憾地说道："我怎么这么蠢！本来可以得到整整40美元，但现在就只剩这些没用的喷丝彩带了。"

但并非所有人都在挥霍。第二批被试的15个孩子平均省下了34美元。这一组被试者完成了与第一组同样的任务，也被带到了同样的商店，糖果与玩具还是同样的价格，但是他们却得到了34美元。到底发生了什么？是他们天生就被赋予了更强的意志力吗？他们意识到了那些阻碍他们的力量并采取措施去阻止它们了吗？

咱们就不卖关子了，直接来看看到底发生了什么吧！我们首先来探索一下这些"消费者"的想法。我们逐一询问了他们令人不解的购买行为。每一位都十分清楚自己高价购买的东西的实际零售价，他们也明白自己在让钱打水漂。但他们并没有意识到是什么力量让他们能够如此大手大脚地花钱。反之，他们在不停责备自己的过程中掉进了意志力陷阱，其中一个孩子对自己的行为感到很困惑，他说道："我不知道发生了什么，只知道当时一定是真的很想要那个东西。"

不仅仅是这些"消费者"不明白是什么击中了他们，"节约者"也不知道是什么力量在促使他们节约。在"消费者"背负了大部分责任时，后者则获得了莫大的美誉。他们猜测自己之所以更加自律是因为他们的能力更强，更有动力且目标明确。

但两组都错了。

---

① 喷丝彩带，一种经常在节庆期间使用的内含气溶胶的喷雾罐。

6 种影响力来源

到底是什么因素对消费行为有如此重大的影响？研究团队在"改变一切"实验室里控制了 6 种影响力来源，进而影响被试的行为。第一组（"消费者"）的试验中 6 种来源是用于促进消费的，而第二组（"节约者"）的 6 种影响力来源是用于促进节约的。

	动机	能力
个人	1	2
社会	3	4
结构化	5	6

那么，这 6 种影响因素是怎样发挥作用的呢？我们前面已经讨论过其中的 2 个因素——个人动机与个人能力。回忆一下，我们帮助凯勒和其他试验者通过分析策略和隔断策略来强化他们自身的动机，进而抵御棉花糖的诱惑。我们也可以从最终的结果中看出：一份更健康的改变计划必定会有所回报。

接下来两种影响你的影响力来源十分容易觉察。你的习惯会受到周围人潜移默化甚至更为直接的影响。举个例子，可能你不想戒烟，但是你的伴侣却想，那对你来说十分重要。或者你的同事总是递给你香烟，在休息时间邀请你和他们一起吸烟。这些强大的社会力量为我们影响力来源模型又加入了两个影响力来源：社会动机与社交能力。

接下来是两个比较微妙的影响力来源。如果不考虑人的因素，你周围的物理环境依旧会影响并直接促成你的改变——无论好坏。举个例子，一个装满软饮料的冰箱若是放在你的训练单车旁，会让你没有动力坚持自己的饮食计划。电视上眼花缭乱的广告对你节约开支并不能有所帮助。房间里的电视显示器也会极大地影响你完成晚课学习的动力。但一段新颖的视频录像——需要你跳来跳去并且踩单车——能帮助你完成锻炼计划。没错，这些"小事"对我们每天做的事情都有影响。

通过将这些影响（我们将其称为结构化的动力与能力）与个人和社会力量相结合，我们对为什么人们做某些事的完整模型这一问题有了一个解释。这6个影响力来源就像6个庞然大物，要么助推你，要么阻碍你。

重返实验室

为了弄明白这6个影响力来源是怎样起作用的，让我们回到这些参加了"节约"试验的小孩身上。研究人员通过以下方式控制了6种影响力来源。

来源一：个人动机

首先我们利用试验者本身已有的欲望与追求。在排列了糖果的顺序之后，"消费"组被邀请品尝他们最喜欢的口味，糖果自然十分美味。相反，另一组"节约"的试验者则被询问他们最想用这40美元买什么。"改变策略"：在关键时刻通过联想自己目标的方式来打消自己的冲动，你就能大大提高成功的几率。

来源二：个人能力

接下来我们将重点放在个人能力上，方式是教"节约者"怎样在一张纸上记录自己的开销和结余。"节约者"都很轻松地完成了这个任务。然而，"消费者"却没有被告知这个技巧。因此，他们的资产净值在抢购热潮中渐渐消失。"改变策略"：改变顽固的习惯往往需要学习新的技巧。

来源三：社会动机

我们会利用各种社会力量，就像试验所揭示的那样，另外3位花钱如流水的孩子（我们研究组的成员）加入了这群"消费者"，并且前者还邀请后者加入他们的消费行为中。这群"节约者"中也加入了3个研究人员——其中2个花钱大手大脚，而另一个则声称她正在努力存钱，并且鼓励这群试验对象也加入其中。"改变策略"：坏习惯往往是社会的蛀虫，一旦身边的人对我们产生不好的影响并且鼓励我们的坏行为，我们往往会感到自己成了他们的猎物。把"帮凶"变成"朋友"，你成功的几率将有2/3。

来源四：社会能力

接下来我们会用研究人员来促成好习惯或坏习惯。"节约者"的"朋友"会提醒他们，这个商店的东西价格都高得离谱，如果再等上10分钟，他们就可以在别的地方买到更便宜的，而"消费者"没有接收到这样的讯息。"改变策略"：改变根深蒂固的习惯总是需要帮助、信息以及来自外界的坚实的支持。找一个教练，你成功改变的可能性会变大。

来源五：结构化的动力

最后我们再考虑事物的影响。"节约者"拿到的是又冷又硬的零钞，在花钱的时候，他们必须清点数量才能花出去，因此在付钱的时候他们就会感受到自己的损失。与之相反，"消费者"被告知自己的钱都存在一个账户里，他们的钱是通过虚拟货币的扣除而减少的，因此在花钱的时候他们一点也不会感到心痛，没有耕耘，却能获得丰收，直到坐上回家的车他们才会后悔。"改变策略"：把你即将养成的习惯带来的短期回报与惩罚直接联系起来，这样你就更有可能始终保持在正轨上。

来源六：结构化的能力

"消费者"会走进一个贴满诱人的糖果图片的房间，而"节约者"走进的房间里则没有这样的图片。"改变策略"：所处环境中一点微小的改变会极大地影响你的选择，例如只要增加一些视觉上的提示，你的行为就会立马做出改变。

"眼尖"的孩子

正如试验揭示的那样，6 个影响力来源能够且确实会极大地影响你的行为。当他们的购买行为受到鼓励和帮助时，控制组的成员花销了其所得的 68%（别忘了，这种疯狂的消费行为发生在他们信誓旦旦地宣称自己会存下大部分钱之后不到 10 分钟）。当这 6 种影响力来源作用于"节约者"时，却变成了鼓励与帮助他们节约的力量。最终他们仅花费了自己所得的 15% 左右。

若是有人无意瞥见了"葫芦里卖的药[1]",事态又会如何发展呢？要是这个人发现了研究的真正目的，又会怎样呢？而事实证明确实有这样一个男孩发现了。他的名字叫以撒，他最后存下了30美元，跟大部分在"节约组"里的小孩子存的差不多。但区别在于，以撒并不在"节约组"里，他所在的组为"消费组"。我们用6种影响力来源诱使他消费，但最终他只花了一点点钱。这个孩子到底是谁？是什么让他如此不可战胜？

为了弄明白以撒这样做的原因，我们查看了所有视频资源。我们记录了整个试验的过程。

他并没有花费太多的心思，只是巧妙地利用了这6个影响力来源。他控制了自己的动机，使用一些技巧来强化自己的能力，对自己的社会环境做出了改变，以掌控自己所处的物理环境。下面就是他的具体做法。

在视频中，以撒小心翼翼地走进商店，他看起来比同组其他所有小孩子都要谨慎。以撒后来告诉我们，当他不慌不忙地走进这片"诱惑之地[2]"时，实际上正在想着等试验结束用这些钱去买电视游戏，于是他便战胜了我们团队设计用来引导他即刻消费的诱惑。

接下来，以撒还采用了一个"节约者"都会使用的技巧——在每一次购物前，他都要在心里计算一下自己的账户平衡与否。没人给过他一张纸，但这并不妨碍他计算，因为他充分利用了自己在脑海中记录所有花销的能力。

你也会很容易看到，视频中以撒一直在小心翼翼地使自己远离"消费组"中伪装的研究人员，并减弱研究人员对他产生的影响。他慢慢地观察

---

[1] 借指卖关子，葫芦里卖的什么药。
[2] 代指商店。

四周，并且站得远远的，比起同组的其他孩子，他站的位置离柜台更远，而剩下的孩子都卷入了这个零售商店的漩涡中。

随着我们对以撒的深入采访，他开创性地总结了本书的前提假设。在问及在研究人员想尽一切办法来诱使他消费的情况下，以撒为何还能存下这么多钱时，他答道："我明白当时周围的情况，所以我必须小心行事。"

这项试验到底教会了我们什么？总的来说，6个影响力来源对于我们的行为都有着重大的影响。当人们被诱使去消费，他们就会不由自主地消费；而被影响去节约，就相应地学会节约。但并不是所有人都会被影响，上述试验中的那位小男子汉就明白了当时的情况，并且轻松地抵制了这些影响。他并不盲目，因此他没有陷入寡不敌众的境地，所以也没有失败。对于自己的选择他游刃有余，因为他控制了影响其余"消费者"的6个影响力来源。当被问及他为何成功时，以撒并没有将其归功于自己的勇气或坚韧不拔的品质。简言之，他逃离了意志力陷阱。

你一定很喜欢以撒，更重要的是，我们都应该成为"以撒"。

个人成功之道

事实上，这就是本书的宗旨。我们都需要学会怎样像以撒那样有意识且自然地做事。我们与那些成功完成了我们正在努力达成的目标的人之间，主要的区别不仅仅是意志力，而是这些成功者天生或者有意识地按照对自己有利的方式逐步将这些影响力来源变成自己的盟友。这就是个人成功之道，它会使得我们以从前大部分人无法想象的高效率去达到我们想要的结果。

一旦我们明白了作用于我们自己身上的力量，就不会再沦为其受害者。我们会有意识地为自己制订改变计划。我们的努力也将不再是随意而偶然的。我们能够通过极大地提高自己的能力以改变我们生活的各个方面。

举个例子,在棉花糖试验中我们已经见证了只要稍稍提高个人能力就能额外帮助50%的孩子成功实现延迟满足。在后面你还会看到,将你生活中某些"共犯"变为真正的"朋友",成功几率会提高60%,并且还会变得越来越好。为了验证这一结论,我们查证了超过5 000位"改变者"的个人改变与努力的各种细节,他们都是在世界范围内战胜了自己某些顽固习惯的"改变者"(例如,为了减肥、实现事业腾飞、摆脱旧瘾、逆转低迷的销售业绩、还清债务积累财富,等等)。在所有的这些尝试中都有着很明显的成功或失败的规律。

举个例子,2008年"改变一切"实验室出版了一项来自麻省理工学院斯隆商学院管理学报的重要研究发现。我们的发现证明了那些将6个影响力来源整合到自己改变计划中的人比起没有这么做的人,改变成功的几率高了整整10倍。

现在又有一项发现会持续引发你的关注。10倍?尽管数据听起来让人惊讶,但这项发现还得出了令人沮丧的结论——对于那些依旧盲目且势单力薄的人,成功的可能性几乎为0。本书所描述的内容会帮助你发现自己的瓶颈,并且使你能够充分利用社会科学研究的成果,以此来推动你前进。

本书还会帮助你掌握和利用成功之道。在这一过程中,你不仅会学习理论知识,还会遇到很多优秀的"改变者",他们都成功地利用了这些理论知识并付诸实践。[一]举个例子,迈克尔说影响策略使他克服了多年来的酒瘾和毒瘾。而梅勒尼运用该策略成功地让自己摆脱业绩评估的风险,事业转而蒸蒸日上。帕特里夏挽回了一段几近失败的婚姻。另一位改变者迈克尔也减肥成功并且保持了好几年。以上所有人成功的原因不是使用其中两三个影响力来源,而是综合使用了6种影响力来源。他们的眼界十分开阔。你不会听到他们吹嘘自己的鸿鹄之志,你只会听到他们怎样将困难变成盟友,以及如何利用到现实环境中,怎样接受训练,等等。你还会听到他们怎样逃离意志力陷阱,为自己有意制订了改变的计划,而这些计划都建立在坚实的科学基础之上。

在你开始学习的同时,我们需要提醒你的一点是,在本书中我们有着明确的议题:我们的目标并不是描述改变,而是怎样帮助你去实现改变。

你手中拿着的并不仅仅是一本书,而是一位教练。在阅读的过程中,你会不断有想法从脑海里涌出——怎样适应多种方法与策略从而在你想要改变的旧习惯上取得进步。

将你的阅读从一种简单的学习经历转变为教练的指导过程的方法,就是将这些想法记录下来,然后对其进行修改。不要等到你读完了全书才开始行动,现在就开始!把你从本书前面学到的所有观点都写下来,然后写下你打算做的事情和做的时间以便尝试。我们最关心的,是你在走向成功之道这一过程中的经历——其中包括测试、阅读、记录、坚持、行动以及观察自己改变的能力在不断提高的证据。

欢迎学习个人成功之道,欢迎探索自我改变的能力。

[一] 简单起见,我们有时会用一位"改变者"来合并所有案例,而不是引入多个人物。

成为专家以及研究对象

读罢"远离意志力陷阱",该书作者之一的一位好友提姆决定尝试采用这种方法来帮助自己减肥。他发现自己一直以来减肥的方式都是间歇性的,偶尔借鉴时下流行的某些简单速成的减肥技巧,而从未有过一个系统完整的减肥计划。其原因在于他从没把6种影响力来源结合起来考虑,自然没有成功实现减肥,更别提坚持下去了。

因此这一次,提姆决定改变自己的减肥策略。他从本书中获得了很多有用的建议。而这种策略中包含了你对6种影响力来源的控制。举个例子,为了强化提姆的个人动机,他必须努力去找到那些健康而自己又爱吃的食物,这样他就可以告别奶昔和西兰花布丁①这样难以下咽的健康食物。为了提升其个人能力,提姆还学会了热量计算。用他自己的话来说,多亏学会了查询食物热量表,他现在才能够做到准确计算每天摄入的卡路里数。

---

① 代指减脂餐或者营养餐。

"我还在大刀阔斧地改造自己的社交圈子。我女朋友总是把我家里的冰箱塞满各种油腻的食物,储藏室也总是放满了各种甜食。讽刺的是,她做这一切都只是想让我吃好,但她不怎么关心食物的热量或健康问题。后来我们在一起聊了这件事,最终决定家里只储存健康食物。我也提议,一旦我瘦掉 1 磅[一],我们俩就庆祝一番。这些方法能让我一直保持高昂的减肥热情。"

在成功提升了社会动机和个人能力之后,提姆又开始将注意力转移到减肥的奖励机制上。起初,他并不知道吃一顿健康的减肥餐在经济上有怎样的吸引力。后来他无意了解到一种有效的激励机制:为他很讨厌的一个组织存钱。一旦他没有完成减肥的月目标,他就必须把之前每顿饭存下来的钱全部捐给那个组织。这样一来他就不敢再对减肥掉以轻心。"我受不了亲手去帮助一个自己鄙视的组织!"

提姆还充分利用了他的生活与工作环境——挂海报、测体重并向外界公布他的减肥计划,让众人监督,还用电脑给手机发送一些振奋人心的消息以提醒自己减肥,甚至把零食都搬到自家的地下储藏室里,免得他总是顺手就拿起零食大吃特吃。表面看来,这确实是一个很棒的计划,但最终还是以失败告终。事实上提姆确实瘦了好几磅,但问题在于,在 1 个月之内他就放弃了减肥计划。体重开始反弹,不仅回到了减肥前的状态,还长胖了 5 磅!在这次减肥失败后不久,他跟我们聊了聊他的看法,他很沮丧但也很无奈地抱怨道:"我明白'改变一切'这个计划会有用,但问题出在我自己身上,我不行。"

显然,提姆掉入了意志力陷阱。

[一] 1 磅 ≈ 0.453 592 千克。

这并不容易

正如你猜到的那样，在着手改变自己坏习惯的路上，并不只有提姆一个人在挣扎。要真正实现持久的改变，失败才是唯一的定律。只需要看看以下这些数据，你大概就会明白我为什么要这么说。

- 婚姻咨询有效的夫妻占比 2 成不到。
- 高达 85% 的职场人士大概都有过这样的经历：老板曾努力试图提高我们的工作能力，但最终都以失败告终。
- 98% 的人都缺乏改变恶习的决心。
- 70% 的美国人通过抵押房产进行贷款或是其他贷款形式来支付他们的信用卡账单，最终这部分人的债务负担在两年内都没有变化（如果不会更高的话）。
- 采用节食瘦身的肥胖患者最终成功减肥，并且能保持 1 年甚至更久的概率只有 1/20。

有什么办法可以解决提姆的问题呢？在减肥之路上他哪里做错了吗？大部分人未能达到自己的个人目标是因为他们总是在困惑是什么影响了他们的行为。而提姆并不盲目也没有陷入寡不敌众的境地，他制订了一个自以为十分完美的计划。在仔细学习了 6 种影响力来源之后，他甚至还为每一个来源想出了一两个对应的策略。但他为何依旧和其他人一样笨手笨脚，最终导致减肥失败呢？

为了回答这个问题，可以思考一下最近一项有趣的研究。一群来自斯坦福大学的学者测试了当下美国最为流行的 4 种减肥方式，以验证哪些是有用的，哪些是没用的。以下是他们的发现：

1. 所有的减肥方式都有效。

2. 只要人们使用这些方法。

3. 但问题是很少有人使用它们。

这就是提姆的问题所在。他制订了一个自己很满意的计划，但问题是这个计划的作用微乎其微，它经不起时间的考验。怎样在提出一份优秀改变计划的同时，还能坚持去实际运用它呢？

你需要探讨自身

我们的"改变者"给出了答案。当你研究那些不仅成功实现了改变，而且将改变延续多年的人时，你很快就会发现2件事情：

1. 他们成功的背后也充满挫折。

2. 他们的改变计划都是自己摸索出来的。

我们所研究的改变者通过一系列科学的探索以及失败的过程发现了什么对自己是有用的。他们并没有一蹴而就，也很少有人能够这样。相反，他们采用的方式是迂回前进。前进两步，再倒退一步，或者有时候截然相反。但他们十分擅长从自己的挫折中学习经验，因此他们的计划会按照明确的方向不断地进行更新。他们这里拆一块，那里再补一点。每当尝试一个新方法，他们会观察、学习并再次尝试。随着时间的流逝，他们不断前进，直到有一天他们的计划终于克服了各种奇怪的挑战，这样一来他们就成功了。制订自己的专属改变计划时，同样需要这样带有目的性的实验主义精神。

让我们来看看这种科学的"探索与挫折"并行的策略怎样才能对你起

作用。假设你和提姆一样，正在尝试减肥。这意味着如果要成功，你必须消耗比日常摄入（仅仅是改变饮食）更多的卡路里（运动量会增大）。这是为了减肥你必须要做的事情。

当然，在怎样燃烧脂肪与摄入更少的热量这一点上，仁者见仁，智者见智。大家的建议无非是减肥食谱、办运动会员卡、私教服务、药物减肥、手机运动软件以及招募一个"监督人"，等等。而这些恰好是计划失败的根源所在。那些出于好心的同事热情地为你出谋划策，但那些建议可能仅仅对于某些人，甚至是只在某些地方或者某些时候有用，而并不能满足你的特殊需求。研究者能告诉你所有关于减肥的科学方法，但不会有人告诉你需要做些什么才能控制那些黏在你肚子上的令人厌恶的卡路里。

你需要的不仅仅是科学的减肥方法，你还需要关于减肥的社会科学性研究为你所带来的帮助，包括在你个人的怪癖之下进行对你的研究，在特殊的环境里过一种属于你的独特生活。

当然，这里没有人会研究你，也没有人能够对你进行研究。研究人员会提供针对大部分人的一般性提示，但这种提示只对一小部分人在一小段时间内有所帮助。你必须自己成为一名社会科学专家，把自己作为研究对象。这是唯一经得起时间考验的方法。

与你认识的改变者聊天，你会从他们成功的故事中听到同样的建议。他们会告诉你他们怎样在第一个月发现自己必须停止和"胆固醇俱乐部"那群人在工作时外出就餐，怎样在第四个月发现抽屉小盒子里的薄荷糖原来"威力无穷[一]"，以及怎样发现第八个月出差时自己的计划功亏一篑。慢

[一] 此处代指热量很高，而以前没有意识到。

慢地，他们不断研究自己，就像把自己当作某种生物放在显微镜下仔细观察，直到制订出一套适合他们自己的计划。

上文中的建议听起来十分麻烦，但你还有其他选择吗？想象一下，既想要获得某些建议以帮助首席财务官去获得首席执行官的职位，同时还想用这样的建议去帮助一名每天受到表扬却从未获得加薪的运输人员，这有多滑稽！一对新婚夫妇又怎么可能从一对因为其中某一方吸毒而濒临离婚的中年夫妻身上，获得一些关于夫妻关系的建议以渡过难关呢？

你认为一份为某六旬患有抑郁且有情绪性饮食习惯的老太太制定的减肥食谱，对一位 30 岁因为换了新工作而久坐不动，长胖 20 磅并且想减肥的男性会起作用吗？当然不会。尽管我们明白他们都需要燃烧比摄入更多的热量，但要实现这一壮举，他们需要截然不同的改变计划。

如果你想成功的话，你需要做成功的改变者所做的事情。放弃那种简单的"成为某个聪明人的试验对象⊖"的幻想。你需要同时成为研究者与研究对象，去探索对你来说最为重要的社会科学：怎样成功实现改变？

个人成功的"社会科学"

伟大的改变"专家"并不只是反复地尝试每一种畅销杂志的封面建议。相反，他们采用了一种科学探索的特殊形式。以下就是关于"改变者"怎样确保自己缓慢前进而不是在不断倒退的快速概览。

首先，检查一下最近在何时何地，自己面对欲望时会败下阵来，汤姆第一次失误也是因此。他并没有仔细观察挑战的独特所在，而是另外选择

⊖ 指成为别人的研究对象，借用其研究成果而实现自己的改变。

了一些听起来更新鲜有趣的策略。其实恰恰相反，他本应该检查一下我们所说的"关键时刻"，在这种时候或者这种情况下他的选择至关重要。

汤姆就好比在找自己弄丢的车钥匙，他并没有到自己丢钥匙的车下面找，而是选择到临近车子旁的路灯下找，因为那里更亮。他选择了最简便又最酷炫的影响策略，而不是最有效的方法。

一旦你发现了自己特有的弱点，制订一份个人改变计划（或是假设）。这份计划包括你怎样在关键时刻抵制、移除甚至是转移自己的欲望。

最后，实施这份计划，观察其结果并做出相应的调整（针对哪些有效而哪些没有，然后在新计划中进行调整），重复这一过程直到成功。

以一位胆小的改变者爱丽丝为例，让我们看看在实际生活中这一过程将怎样发挥作用。需要明确的一点是，爱丽丝并不认为自己是一位社会"科学家"。她是一位31岁的呼吸道疾病医师，也是一位母亲和妻子，家住在得克萨斯州的奥斯汀。但在经历了一场相当骇人的事故之后，她开始对检视自己的行为产生兴趣。

爱丽丝曾经是一个"老烟枪"，每天都要吸两包烟。她所就职的医院的主管对于职工在抢救病人时将烟灰洒落在病人身上的行为十分不满。因此，爱丽丝趁着自己的休息时间溜到指定的吸烟区，急急忙忙掏出一支烟，以缓解自己的烟瘾。

某一天，当她被叫去抢救所在医院8楼的一个病人时，她决定戒烟。接到任务时她在1楼，经过一系列医院的手续，她绕过了电梯（医疗紧急事故可不等人）直冲向楼梯。当她到达3楼时，她发现自己喘不过气了。等她到达4楼时，她突然晕倒在地上。幸运的是，其他的团队成员最终抵达了8楼，成功拯救了病人。但当爱丽丝羞愧难当地坐在水泥地板上大口地喘着粗气时,她决定做出改变。

科学策略1:辨明"关键时刻"

在爱丽丝思索着自己将要面临的挑战时,她马上意识到自己生命中的所有瞬间并不都具有同等的意义。大部分时间她在"自动驾驶仪"上忙活,因此没有兴趣吸烟。好吧,是兴趣不够足。她真正十分想吸烟的时候其实并不多。

这对于所有人以及所有坏习惯来说都是一样的道理。并非我们生活中每一个瞬间都具有同等的挑战性。举个例子,当我们知道某个项目的工作是用来评估我们是否适合晋升时,我们不会在办公室里消极怠工。当我们的支票账户达到平衡时,我们不会有想要花钱的冲动。

没错,当自我改变时,你不必时时刻刻都逼迫自己达到极限。你需要关注的是那些最危险的时刻。我们把这些特殊情况称为关键时刻。在这些时刻,如果你遵守正确的行为方式,它们会引导你逐步达到你想要的结果。

一个辨别关键时刻的好办法是回想那些对你诱惑最大的时刻。举个例子,当一个顾客提出不合理的要求时,你更倾向于忽略他。当你压力较大时,你会对自己的伴侣变得冷漠无情。当你有点感冒的时候,你不会爬上跑步机去锻炼㊀。

在你搜寻自己的"关键时刻"时,思考一下它们是否在某个地方、靠近某个人时偶尔发生,或者是当你处于某种生理或心理状态时才会发生。不同的环境对不同的人影响也不同,只有你才可以系统地辨别出对自己改

㊀ 此处代指因为肥胖等喘气急促,故需要跑步机进行锻炼。

变意义最大的情况。

科学策略 2：采取关键行动

一旦你发现了自己的"关键时刻"，你下一个任务便是为自己设定一套规则，以免诱惑不时"造访"你。研究表明，如果能在面临挑战前预先设定一套规则，在"关键时刻"来临时，你更有可能改变自己的行为。不要把每一刻都当作一件需要你对其重新进行抉择的独特事件，反之，你早已决定自己要做什么，只有做这些你才更有可能成功改变自己的行为。

当进行自我改变时，你想要设置一套具体的规则（并不是模糊的指南）来引导你最终达到自己的目的。这就是为什么我们将其称为"关键行动"。"关键行动"是引导你达到自己想要的结果的高效行为。"关键时刻"告诉你什么时候处于风险之中，而"关键行动"则告诉你怎样做。

为了弄明白关键行动怎样与改变计划相互契合，让我们思考一项由皮特·戈尔·韦兹开展的精彩研究，该项研究的对象是 21 位正在康复的吸食海洛因的患者，他们曾经都迫切地想要在远离毒品的同时找到一份工作。现在我们来明确一下这些研究对象所面临的挑战：长期对海洛因上瘾，前 48 小时脱瘾期导致其肌肉疼痛、抽搐、不停流汗、全身发冷以及腹泻。

那么，皮特·戈尔·韦兹是如何帮助这些瘾君子忍耐如此严重的脱瘾症状并找到一份工作的呢？他首先鼓励这些瘾君子写一封简历，以此作为找工作的第一步。想象一下，在脑子里的欲望不停叫嚣的情况下为自己写一封简历会是什么样的体验。

在接受了写简历的指示之后，研究对象有 7 个小时来完成这一项任务。一半的研究对象直接开始进行这项任务，而另外一半则在开始之前做了这样一件简单的事情，他们辨明了未来这 7 个小时里他们会面临的关键时刻和当这一时刻来临时自己会采取的关键行动。

举个例子，"当我感到恶心想吐的时候，即'关键时刻'，我会去厕所，然后马上回来完成这项任务，即'关键行动'。"这部分试验对象认识到了生理状态可能会给他们带来一种巨大的诱惑，并且为之制定了一套规则来克服它。而控制组则没有使用这项策略。

这项具有开辟意义的研究结果令人惊叹，第一组没有一位"瘾君子"完成了简历任务。令人震惊的是，提前为自己的关键时刻规划了关键行动的这部分人中，80% 都成功完成了简历。

回到爱丽丝身上来

现在让咱们回到爱丽丝身上来，看看辨别关键时刻以及创造关键行动是怎样帮助她脱离烟瘾的。她首先分析了诱使她吸烟的情境，爱丽丝每天大部分时间都在跟病人打交道，每当这种时候，她没有想吸烟的冲动。早上她忙着准备一天的工作时也很少吸烟，午饭时间也十分"安全"，因为她总是和不吸烟的同事一起就餐。

当爱丽丝思索在哪种情境下她最容易重蹈覆辙时，她总结了 2 个"关键时刻"。一个是在家打电话的时候，另一个是在她开车上班的途中。这两种情境下她都会无意识地吸烟。

因此，爱丽丝摸索着为自己的关键时刻"量身定制"了对应的"关键行动"。好几个月以来她尽可能避免使用手机，她开始采用电子邮件和发短信的方式来减少手机的使用时间。其次，她改变了自己的驾车路线。她猜测选一条陌生的道路可以使她时刻保持紧张状态，减轻条件反射。

注意一下爱丽丝计划的科学之处。她建立了一种假设，那就是她大致估算了自己的关键时刻与关键行为，然后才开始"社会科学"的"研究"⊖。与汤姆的做法不同，她并不是简单地紧跟当下的潮流，而是基于自身情况制订计划。

当然，爱丽丝并没有将所有的希望都放在第一个计划上。相反，她实施了一项全方位的个人试验。她发现了自己的关键时刻，创造了自己的关键行动并尝试完成它，看哪些起作用而哪些没用，在此基础上做出调整，并根据需要不断重复这一过程。

科学策略3：调动6种影响力来源

你可以得出结论，为了逆转一份业绩平平的报告，一项突出项目的结束就是你的关键时刻所在。你往往不怎么看重形式，例如做展示、项目回顾以及报告等，你总是告诉自己实质比形式更重要。但现在你意识到你的这一"人生哲学"已经拖了你的后腿。你需要通过练习使用一种新的行为风格来展示你要表达的实质内容。在以后，你需要额外花心思去润色你的每一份文件。

接下来的一个问题是，你需要做一些看起来小但实际并不小的事情。现在是周五下午4:30，你已经疲惫不堪，打算发送一封刚刚匆忙写完的文件。脑海中一个声音响起：我为什么要花2个小时去做这样的事情呢？

是时候改变只说不做的习惯了。

你已经认清了自己的关键时刻以及创造了对应的关键行动，现在需要做的就是制订一份改变计划，让自己认识到属于你的关键时刻以及在何时

⊖ 指把自己同时作为研究者与研究主体来找到最适合自己的改变计划。

投入到哪些关键行动中。

但要怎么做？

在"逃离意志力陷阱"一章中我们已经回答了这个问题。唯一合理的方式就是和当下的世界抗争，综合使用6种影响力来源。因为这个世界具有强大的组织性，使得你不停地犯同样的错误。以下是使其起作用的简单例子。

再一次回到爱丽丝身上

爱丽丝发现自己不能成功戒烟的原因在于6种影响力来源都在阻碍她。但慢慢地，她学会了如何"将共犯变成盟友"。

个人动机。首先，爱丽丝创造了明智的策略以增强她坚持关键行动的动力。举个例子，在关键时刻爱丽丝会在脑海中想象一些她作为呼吸道治疗医师所能看到的不为人知的图片○。她曾经看到过病人因为吸烟导致有关疾病而慢慢地窒息以至于死亡。当她对吸烟的渴望变得强烈时，她能够通过回忆那些事件○以及病人家属对于失去亲人的悲痛之情来思考自己的未来。同理，她发现在她关键时刻意志薄弱的时候，镜子上的一些带有鼓励意义的话语可以让她坚持下去。但是很快她就发现，这种动力策略并不够，她的问题并不仅仅是动力缺乏，她还面临着能力的挑战。

个人能力。最终爱丽丝意识到她需要学习更多关于行为改变的东西。阅读引导她专注于学习的"分心策略"以提高她的"意志技能"。她在关键时刻面临的挑战是，她总是想用手对嘴巴做些什么。这种和曾经吸烟动作相似的熟悉感能够使她感到平静，所以她能够用吸管让自己分心。当她

○ 指爱丽丝所治疗的呼吸道疾病患者的图片。
○ 指病人因为疾病而死亡的事件。

的手无意识地伸向嘴巴，她就拿起一根吸管，代替烟头放进嘴巴里。而且她发现咬吸管确实是一个好的呼吸与放松策略。

爱丽丝意识到她还需要新的技能以帮助自己培养新的习惯。她喜爱阅读，因此她翻遍书本去搜集对她有帮助的建议。举个例子，她得知自己拥有更多辨别自己情绪的技能。她还发现吸烟不仅是生理上成瘾，在心理上也会成瘾。慢慢地，她开始关注压力的某些征兆，并且刻意地练习某些技能以保持冷静，关注自己，这使得她更好地控制了自己想吸烟的冲动。

社会动机与社会能力。接下来爱丽丝转向自己的社交网络，在这里她通过开展具有"转变意义上的谈话"而实现了"化敌为友㊀"。

结构化的动力。摆脱吸烟的习惯需要内在的结构化动力。爱丽丝每天吸2包烟而她丈夫吸1包。每一包花费4.5美元。即加起来每个月他们俩总共要在吸烟上花费400美元！爱丽丝解释道："吸烟的成本是戒烟的巨大驱动力。当我们最终摆脱这一习惯时，我们体会到了如何在改变生活方式的同时，在财务上也做出相应的改变。"

结构化的能力。最后，爱丽丝改变了自己的物理环境。她更换了上班的驾驶路线，尽量避免那些可能诱使她点燃烟头的地方。同样，她把家里所有的烟灰缸都拿走了，以纪念她做出戒烟的决定，也是为了避免在以后的日子里，她会无意识地寻找香烟。

以上仅仅是爱丽丝开始研究自己，学会为了永久戒烟而采用的部分影响策略的一个案例。对于爱丽丝来说这只是一个起点，并不是最终目的地。她曾经努力过，也失败过，但这一次她决意要成为自己的"专家"，而非仅仅是一个试验对象。这意味着她将会把失败看作某种讯息，并用这

㊀ 敌指曾经鼓励爱丽丝吸烟的人，友指现在鼓励她戒烟的人。

些讯息来完善自己的计划,而不是在经历失败后一味指责自己。

科学策略 4:把坏事变成有用的"数据"信息

爱丽丝是从第一天开始就能正确地辨认出哪些是自己的关键时刻而哪些是关键行动吗?她学会了控制 6 种影响力来源吗?没有。

就像其他人一样,爱丽丝也需要学会分辨哪些对她是有用的,而哪些是没用的,然后做出调整。举个例子,她很快发现那些不曾预料到的影响力来源正在合力阻碍她。不幸的是,其中一个影响力来源就是她的父亲——一位传奇老烟枪。每周六她都会和丈夫与父亲共进晚餐。只要在他周围,或是在他家里,熟悉的吸烟场景就会使爱丽丝无法抵抗。

但爱丽丝并没有和她父亲一起吸烟,她害怕这样做会使自己感到无比失望进而放弃之前为改变自己所做出的努力。反之,她记录了所有与父亲待在一起时所发生的情况,随后将这些讯息为自己所用。她更新了自己的改变计划,开始减少去父亲家的频率,以及尽力在安全的场景下与父亲见面。通过改善她的改变计划,爱丽丝得以将坏事变成有用的数据信息。

理解这一不断调整的过程十分重要,因为不论你最开始的改变计划多么完善,当你和根深蒂固的老毛病打交道时,它还是会失去作用。好吧,可能会起一点作用。但迟早某个关键时刻会来临,然后你会彻底被诱惑并屈服,最终你会过得很糟糕。

对你的考验才刚刚开始。当你感觉自己惨败时,会变得忧郁或是好奇。如果一味自责,你就会变得忧郁、沮丧,甚至彻底陷入放纵之中,这只会使情况更糟,打击你的自尊心。如果你对此充满好奇,你会退回一步，检视这些数据信息，从中吸取教训，最后调整自己的计划。因此，这是你的选择，你可能会撞见新的障碍，因而变得抑郁而最终放弃；或者体验相同的挫折，充满好奇，将这种坏事变成有用的"数据"信息。

将改变的科学运用于工作

我们已经看过了吸烟与减肥的例子。那么，这4种科学的策略将如何帮助你解决工作中的问题呢？假设你正尽力想从工作中脱困，你应该怎样开发、测试以及将改变计划转变为适合你的方式呢？

认清关键时刻

首先，你需要审视一遍一天的日常工作，然后你意识到阻碍你得到重用的最大障碍是，你总是被那些对公司的成功不怎么重要的工作所缠身。你首要的任务必须对公司的成功十分重要，但你还是把时间用在那些使你偏离目标的次要任务上。因此，你在心里想："有哪些关键时刻在阻止我专注于自己的首要任务？"你很快意识到，你最大的挑战在于当你的一位同事叫你完成一项新的任务时，你不敢对他说"不"。你不想让任何人失望，这就是你的关键时刻。某人要求你做一项新的任务时，你觉得自己有义务答应他。

采取关键行动

接下来你需要为自己量身定制对应的关键行动。在面临关键时刻时，你需要采取什么样的行动呢？你会和朋友们聊及此事，向那些敢于拒绝他人的人学习，最后你得出结论：你的关键行为是永远不要马上做出承诺，向别人保证你会考虑这件事，然后在 24 小时内给他答复。这一关键行为使你不再需要马上对别人提出的问题做出答复，并且它还会成为你日后要遵守的法则。

运用 6 种影响力来源

举个例子，首先从最明显的影响力来源入手。你清楚自己很难拒绝他人，于是你决定提高自己的技能。你去上一门教你如何获得自信的课程，在这一领域内广泛涉猎，并且和你的老板沟通这个问题，让他对你专注于高产出这一任务给予支持。现在的你做好充分准备了吗？

把坏事变成有用的"数据"信息

2 周以来你一直专注于某项任务。你虽然认可适当的边角工作，但仅仅是在这些工作具有某种战略性的价值，或者对你自己的工作计划没有太大的影响时才会如此。有一天，某位同事就某项无关紧要的工作向你求助，并且向你暗示说如果有你帮忙，上司一定会非常高兴。事实上，他的言外之意是如果你帮他的忙，老板就会对你留下很好的印象。所以你同意帮忙，由此你自己的首要工作便落下了。一开始你在是否屈服于一项无关紧要的工作时被自己打败，随后你想起了最好的回应方式是采取正确的行动。下一次，当某位领导要求你接受某项任务时，更强大的社会能力会促使你做出关键行为。你可以将那位领导引见给你的老板，随后你的老板会做出选择。你将一件原本的坏事变成了有用的"数据"信息，继续保持自己的计划，做出关键调整，最终得以提升自己的业绩评估。

让我们将视角带回到提姆身上。提姆正在努力尝试减肥，好消息是他意识到在面临减肥这一困难时，自己需要综合运用几种影响力来源来渡过难关。但是他遗漏了这一科学过程中最为重要的一部分。如果他想要在未来取得成功，他也同样需要为自己制订一份针对自己所面临的特殊挑战的计划，而不是借鉴时下某些流行的方式或是某个热心朋友的推荐。其次，在作为研究者与研究对象的同时，他需要真正实行这一计划，分析结果，把坏事转化为有用的"数据"信息，并且在每一次挑战来临时都继续采取这样的做法。这就是那些看似不可能解决的问题，在某一刻突然找到解决方法所必经的过程。

开始记笔记

在探索个人改变时，先来检查一下我们所拥有的最重要的工具之一：铅笔（或者是一个电子键盘）。

这些简单的小工具怎样在你为改变所做出的努力中发挥如此之大的作用呢？看到这个令人焦虑的研究结果时，你可能会感到十分惊讶。一个来自纽约大学的研究者团队对那些因为拖延学习而成绩不好的学生进行了一项研究，他们向其中一半的拖延者提供了关于怎样改善学习习惯的信息，而另一组也得知了这一信息，并且这一组还拿到了笔和纸。他们被告知以下信息：现在决定你下一周将在哪里以及以怎样的频率学习，然后写下来。

这些记录下了他们学习计划的人，学习的时间比起没有记录的人多了2倍。重复研究也表明简单地写下某个计划会增加30%的成功几率。

因此，现在就行动起来吧。拿出一张纸，记录下你此刻脑海中关于关键时刻的各种想法，然后尽可能地猜测在这些关键时刻对你最有帮助的关键行动。

不仅如此，在你阅读接下来这 5 章时，写下你关于运用 6 种影响力来源的计划，然后了解哪些对你是有用的，而哪些没用，再做出调整。如果你记录下自己改进的计划，你就不会在旧的错误上再栽跟头。我们的目标不是完美，而是进步。记录你的计划会使你变得更加坚持不懈，还会增强你改变的动力，以及拓展你在这一过程中的学习与适应能力。

| 第二部分 |

6种影响力来源

| 来源一 |

爱上你所厌恶的东西

目前来看，有一点是十分明确的，那就是在进行自我改变时最好使用来自 6 种影响力来源的策略，尤其是对于那些正在阻碍我们的力量更是这样。如果不这样做的话，我们终将落到寡不敌众的境地。为了推进这一策略，我们将尽快进入第一种影响力来源——个人动机，看看它为这些羽翼未丰的改变者提供了哪些良策。

在改变自我这一点上，最大的挑战是我们必须做的往往都是十分无聊且令人不舒服甚至让我们很痛苦的事情，自然我们就不想去做这些事。好吧，这其实不太准确。我们的确是想做这些事情，不过只是想想而已，并不是将其付诸现实生活。我们想以后做这些事，而不是现在就去做。

举个例子。心理学家丹尼尔·里德[⊖]曾做过这样一个试验，让试验对象列出一张消费清单。他发现，如果要求他们购买马上就吃的东西，74%的人跳过健康的水果而选择诱人的巧克力，其实这一点并不令人意外。但

⊖ 英国行为心理学家，现任英国沃里克大学教授。

当里德要求试验对象在购物单上列出 1 周以内吃的东西时，70% 的试验对象选择了水果。这说明，我们在未来更倾向于去做正确的事情。

从里德的试验对象身上我们可以找到自己的影子，我们的改变计划也总是在明天。明天我们就会早起，吃健康的水果，而远离巧克力，并且还要努力锻炼，还会钻研那些虽然很深奥但会促进我们职业发展的重要期刊论文。没错，明天我们就会成为一股不可忽视的力量。

如果我们能在今天找到一种方式，让自己享受当下就做正确的事情，那么关于明天的任何设想就不再必要。我们总是擅长做自己喜欢的事情。要是我们喜欢做的事情恰好是对自己有益的，那我们就不必再抵抗自己那些短期的冲动（虽然这从不简单），也没有必要一次性把这些冲动全部消除（这通常是不可能的）。一旦把自己的厌恶转化为喜欢，那我们将会变得势不可挡。

但有可能把自己厌恶的东西转为热爱的吗？

有人正热爱着你厌恶的东西

为了弄明白有些人是如何让自己爱上那些大部分人厌恶的东西的，我们要参观位于瓜纳巴拉湾⊖里约热内卢市一个占地面积很大的垃圾场。在这里我们发现，瓦尔特·桑托斯正在和他的同事激烈地谈论着他们每天的例行工作。当你听他谈论自己的工作时，你会不自觉地发现，他听起来仿佛是一位公共关系主管而并非一个打工仔。

他打开了话匣子说道："我在这儿干了 26 年拾荒工作了，作为一名拾

⊖ 瓜纳巴拉湾，大西洋海湾，位于巴西东南部，里约热内卢位于其西南岸。

荒者，我感到非常自豪。"

瓦尔特对整天跟垃圾打交道的绿色运动保持着热情，在垃圾场里他和同事每天都做着很重要的工作。

瓦尔特细心地戴上一副破旧的手套，急匆匆地走向一个庞大的垃圾堆，在这堆算得上是世间最臭的垃圾中间翻找着什么东西。瓦尔特是一个捡破烂的拾荒者。他和其余2 000多名拾荒者在世界上最大的垃圾处理场之一——卡斯亚斯城⊖垃圾场翻找各种可回收材料。尽管这里的工作环境恶劣到连蛆虫都会窒息，但瓦尔特和他的同事们依旧以这份工作为荣，甚至乐此不疲。

你会爱上自己厌恶的东西吗

瓦尔特和他的同事已经找到了某种方式，让他们从一项多数人感到恶心甚至反感的任务中获得满足。但那到底是什么呢？更确切地说，我们一旦决意要改掉自身的坏习惯就必然需要去做一些我们觉得讨厌、乏味或是让人倍感压力的事情。如果我们能够像这些拾荒者一样积极地对待这些事情，那么情况又会怎样呢？

事实证明，我们是可以做到的。10年以来路易深受重度购物瘾之害，最终他成功克服了自己一看到新奇的小玩意儿就迫不及待要买下来的强烈欲望。不过想想，路易曾经不分时间地点都会忙于网上购物，这也确实不算什么真正的壮举。曾经他负债超过25万美元，最终走向破产；经济最低迷的时候，为了买一只麋鹿脑袋装饰房间，他还把自己母亲的电视变卖

⊖ 卡希亚斯城，位于巴西东南里约热内卢市，以垃圾处理而闻名。

去换钱。

路易做了什么样的事情从而扭转了自己的人生呢？某一天警察出现在他家门口时（实际是他母亲的要求），法官给了他两个选择，要么坐牢，要么接受咨询治疗。路易那时才决定，是时候做出改变了。和其他改变者类似，路易采取了各种策略，但最终实现彻底的扭转却是由于一种意料之外的影响力来源。他学会了从自己曾经厌恶的东西中获得快乐，以下就是他对这次扭转的描述。

"我以为这种改变永远不会发生。"路易解释道，"现在一想到过去总是无法控制自己的开销我就一阵后怕，最奇怪的是，如今我总是急于去看自己的资产净值增长了多少。我感觉自己焕然一新。现在每当我受到诱惑而想冲动购物的时候，就会想到我不会再图一时之快买那些小玩意儿，而出卖自己的未来。"

预见、感知并且坚信未来

在全神贯注阅读路易的改变历程时，你会发现享受并不喜欢的活动的秘诀之一，在于我们预见、感知以及相信未来的能力。通过把坏习惯与它最终给我们带来的痛苦感联系起来，就有可能让坏习惯即刻带来的快乐感烟消云散。同样，专注于这种快乐感，我们最终还会收获一项好习惯，使我们成为更好的自己。好消息是当我们真正花了心思去思考自身行为的长远影响，改变我们内心根深蒂固的短期偏见就不再是一件难事。换一种思考方式其实有助于人的大脑。

但对于大部分人来说，情况就不那么乐观了。在一开始就让大脑转换一种思维方式是很困难的。因为现实是如此的真实又引人注意,它就在我们面前。因此,要在脑子里一直想着未来实在比登天还难。这就是为何我们人类总是以目光短浅而臭名昭著。我们清楚此刻巧克力尝起来会是什么味道,但我们却无法感知到选择吃巧克力在未来会产生怎样的后果。在与伴侣发生激烈争吵时,我们的内心很清楚在外面一次廉价的云雨之欢会有多么美妙。但在未来,我们必定会收敛自己的傲气,低声下气地向我们的伴侣道歉,通常我们都会把未来的后果抛诸脑后,因此在当下就会没有动力去收敛克制自己。

工作中也有很多类似的情况。老板会问你,他刚刚在团队中做出的一个疯狂决定对我们来说是否有意义,通常我们清楚当众反对老板会是怎样的下场(我们受到的白眼以及受到的排挤已经够多了),于是我们并不会仔细地思考在将来我们该怎样应付老板做出的愚蠢决定。

简而言之,当面临当下享乐或是日后偿还的选择时,我们通常只会想到当下。这意味着,在决定我们是否想满足当下的短期利益以及我们依旧想要满足欲望时,我们必须采取措施去预测、感知以及相信我们将要面临的未来,然后做出决定。以下是 5 种来自我们盟友的策略,教会我们通过预测未来而做出改变。

策略一:造访默认的未来

在美国,每 8 秒钟就有一个生于婴儿潮时代[⊖]的老人变为 65 岁,其中

⊖ 美国第二次世界大战后,1946 ~ 1964 年共有 7 590 多万婴儿出生,约占美国目前总人口的 1/3,故称之为婴儿潮时代。

一半以上在退休时都仅拥有社会保障津贴（而几乎没有自己的积蓄）以及稀疏的头发。大部分45岁左右的美国人只有不到5万美元用于退休养老，其中大部分人在自己的黄金年龄陷入了财务危机，因为他们总是不愿意去想一旦自己退休没有薪水，事情到底会变成什么样。他们并不是简单地拖延，而是在自己的精心计划下刻意忽略这些事实。

如果你也曾经在需要为未来做出短暂的牺牲时缺乏动力，因而此刻面临相似的命运，现在倒有一个办法。在此刻造访你的默认未来，默认未来是指保持你目前的状态去面临未来。这种未来朝你扑面而来，但你却毫无动力，因为你完全将自己置身事外。

只需要一点点的想象，你就可以把这种不愉快的未来拉到你面前，并在以后的决策中将其考虑在内。一种有力的方式是对你的未来进行实地考察。在曾经尝试过的鼓舞人心的话语和内疚之旅都没有显著效果时，这样一段真实的经历会极大地重塑你的选择。

举个例子。谈到你的财务状况时，试着回想一下你最近去看望的一个熟人。他正靠着社会救济金艰难度日，而你也有可能变成他。或者我们还可以估算一下如果按照你目前的收支模式在退休以后你还有多少可供开销，并试想自己按照那样的标准生活1个月。造访自己的未来，尝尝自己未来的三餐，试想躺在自家的沙发上以及坐在自己车里的感受，这种经历可能会改变你的人生。

麻烦的是，我们没有预知未来的能力。尤其是生活中有些事并不一定会发生，但是一旦发生又会造成灾难性的后果。在这样的情况下，人们预测在未来可能会发生的最坏的事情的能力就变得十分重要。

回想一下雅各布，我们的另一位改变者，在他20岁左右时极度沉迷于网络色情，把自己大部分空闲时间以及可支配收入都花在了这一癖好上。

"以前我觉得这不会有什么坏处。"他解释道，"直到有一天当我还在工作的时候，我看见我的一位同事兼朋友（他是一个超级色情迷）戴着手铐被押送出了公司大楼，对此我感到十分震惊。他被捕的原因是他偷拍了邻居女儿的各种裸照，并且还把这些图片上传到自己的电脑里。直到那天他不小心把其中一张图片放进了自己的笔记本电脑，而在会议展示时恰好弹了出来。事后他被抓了起来，关进了监狱。"

"这太可怕了。"雅各布继续说道，"虽然我还没有干出那样出格的事情，但是那些手铐就像拷在我手上似的，突然间我仿佛有了一种超能力，预知自己未来可能是什么样子。这其中的警示让我不寒而栗。"

预见未来最糟糕的情形往往会促使人们去改变，不仅仅是成瘾，在生活中的很多方面都是如此。想一下骑单车，本来是一个健康的好习惯，但要是你不戴头盔骑车呢？一般可能不会发生什么严重的事情，但一旦发生，必然会导致严重的头部创伤。鉴于头部创伤的低概率，谁也不会费劲去戴一个笨重的头盔（还会失去微风拂过发丝的乐趣）。

为了回答这个问题，本书作者之一和他的邻居——一位护士进行了谈话并问她有多少急诊室的员工在私底下骑自行车或摩托车时佩戴了头盔。

"我们当然都会佩戴！"她大声说道，"我们整日在急诊室，会第一时间看到那些骑自行车的人被汽车或大卡车撞了的样子。结果往往都是致命的，我们一般称之为'捐赠摩托[一]'，那些没有佩戴头盔的人往往在

[一] donor cycles，捐赠摩托是美国急诊医生对于摩托车伤亡事故的别称，由于摩托车造成的伤亡事故系数最高，器官捐赠者也通常来自他们。

事故中大脑受损。然后我们会对他们其余未受损的器官进行收集，用以移植。"

显然这些在急诊室工作的人对于佩戴头盔这一行为的心理感受与普通的民众截然不同，因为他们有不同于后者的经历。他们清楚一次危险的尝试可能会带来严重的后果。在个人安全、健康以及坏习惯这一类问题上，在最坏情况发生之前，我们必须先清楚它们的存在。我们应当提前在脑子里弄清楚那些数据，而不是刻意去忽略它们，因为它们会在为时未晚之际向正确的方向引导我们。给自己创造一种有形的方式，这是去探寻自己默认未来的一种有效方式。

策略二：讲述一个完整又生动的故事

大部分人已经小心地窥探了自己的未来，他们的内心十分清楚如果沿着目前这种不健康的道路前行，面前将会是怎样的未来。我们只是无法感知到这种未来，而其中的原因是我们的心理在从中作梗，阻止了我们去感知它。我们只会考虑那些片面又便利的道路。例如，尽管我们知道事实已经板上钉钉，但是我们还会说它只是有可能会发生。我们假定自己的命运总是与好运相连，而不是遵循自然的法则。大部分情况下，我们总是用自己脑中现有的经验，来将我们的注意力从默认的未来中转移出来。简言之，我们在自己与真相之间创造了巨大的鸿沟，而不是用那些丑陋的细节将其填补。

那些改变者对此更加心知肚明。当面临诱惑时，他们会花费很大的精力来为自己讲述一个完整的故事。想一下迈克尔，一位曾经的酗酒者，如今成了令人惊叹的改变者。年少时，迈克尔就学会了喝酒，并且迅速走上了从酒精到毒品再到犯罪的道路，而犯罪是为了满足毒瘾。几年间他几度因为盗窃、吸毒出入牢笼，最终妻子、家人还有大部分朋友都离开了他，还落得身无分文的下场，甚至自由也被剥夺，只能在牢笼中度日。

在本书剩下的部分我们将会看到，迈克尔用了6种影响力来源中相应的影响策略来使自己的生活回归正轨。在"个人动机"部分，迈克尔向我们解释了"讲述一个完整又生动的故事"给他带来的好处。

"在我看电视的时候，会突然蹦出一段一群人在钢琴酒吧喝着马提尼⊖的广告，而直到今天这段广告依旧能够将我的思绪引向一个危险的方向。我自然而然地开始有思想波动，心里想着：'我也可以像那样'，虽然我是一个正在康复过程中的酗酒者，但为何不和朋友们来一杯呢？马提尼只是一种交际的软饮罢了，能有什么坏处呢？"

"但这并不是我脑中想象的故事，它本身也并不完整。我的故事以一种截然不同的方式展开。如果我加入钢琴酒吧中的这群人，我会喝些马提尼。但必然到第二天我才能回到家。之后我还会转向烈性酒，然后开始暴饮暴食。直到某一天我会在自己的呕吐物中醒来，或者在醒来后发现自己置身监狱。顺带一句，这不仅仅是可能会发生在我身上的事情，而是真的会发生。"

你会注意到，在讲述这个故事的时候，迈克尔并非仅仅描述了整个故事本身，他还使用了十分生动的语言。他用鲜活的细节描绘了潜在的后果，而非暗示一杯酒对他有害无益。迈克尔的"标签"策略并非为他一人所熟知，它建立在坚实的科学基础之上。举个例子，不断有研究证明，把

⊖ 马提尼，一种强化葡萄酒，在酿制后期加入白酒和蜜糖制成。

钱存入通用"长期储蓄"账户的试验对象和把钱存入"新房顶"(这样明确)[1]账户的试验对象相比,前者在每个月存钱这件事上更缺乏恒心。具体而有意义的标签定义了具体的后果,因此会比那些打了折的通用名称更加有激励意义。

在你讲述自己的故事时,务必要使用鲜活生动的语言。把那些不痛不痒的词,如"不健康的""有问题的"换作更加深刻的词,如"破产""炒鱿鱼""离婚"以及"肺气肿"。不要再用童话故事、无知的话语以及半真半假的"事实"来安慰自己。

在你做正确的事情并祈祷未来时,同样要使用深刻而生动的语言。例如,你不仅会变得健康,将来你还可以跟自己的孙儿们在地板上玩耍;你不仅在退休以后有钱可花,还可以乘游轮环游地中海;在考虑健康与不健康这两者的行为时,你应该明白所有的真相,一个生动且唯一的真相。

策略三:使用"价值判断"类的词语

针对这一条策略,我们对当今世界上最为迷人的餐馆兼康复中心——位于加利福尼亚州旧金山市的"德兰西大街"进行了一次短暂的拜访。在这里我们找到了该餐厅的创始人密米·希尔伯特,她是隐匿在这一世界上最为成功的"改变人生"之天才。整个场所由密米和1 500位其中的居民进行管理,这些居民平均每人有18项重罪。在"德兰西大街",毒瘾以及犯罪都是得到承认的,而它也使超过90%的吸毒者以及罪犯转变成了有用的市民。

---

[1] 新房顶,代指存储用以家庭装修房顶的账户。

在这一领域（指规劝罪犯们从良）普遍5%的成功率下依旧保持着近乎完美的纪录，你可以确信希尔伯特博士使用了6种影响力来源来实现自己魔法般的成功。在如何学会爱上自己厌恶的东西这一话题上，密米向我们解释了她是如何教会从前的毒贩、小偷、帮会头目以及妓女把自己的行为和价值观联系在一起的。

"我们一直在讨论价值观，甚至在教一个新来的居民摆放餐具时也是如此，那时他正处于'霹雳可卡因[⊖]'的脱瘾期。我们不仅聊一些刀叉的事情，还聊到了荣誉感。我们告诉他要对坐在这张桌前用餐的人表示尊重。因此，你不仅仅是在布置一张餐桌，你也是团队中的一分子，团队的劳动你都平等地占有一份。你不能让大家失望，你要成为一个值得信赖的人。从始至终，我们强调的都是价值观、价值观、价值观。"

密米向我们解释的不仅仅是一种语义上的反复强调，而是你必须牢记在目前的行为以及牺牲背后的根本缘由。举个例子，巴西卡西亚斯城露天垃圾场中的拾荒者们，从他们的工作中得到了乐趣，他们把自己的工作与其带来的价值相联系，而不是着眼于分捡垃圾过程中那些恶心的部分。用他们的话来说，他们在拯救这个地球，在一个遍布污染的星球上，他们是"绿色又环保"的主人。

你同样可以在个人挑战中享受这样的益处，不要再因为那些你必须做的工作中不愉快的部分而困扰，应专注于你的工作所带来的价值。你用以描述自己工作的方式会极大地影响你对于关键时刻的体验。例如，在坚持吃低热量的减肥餐时，不要这样来描述你的选择，比如"饿死了""饿

⊖ 一种新型毒品，20世纪80年代在美国盛行，因为是直接吸入肺部，对神经的刺激性较强，且价格较低。

着肚子去……"这将破坏你的动机。你不仅仅是在控制热量,而是在走向健康。你正在坚守自己的承诺,为了将来在和你的孙儿们玩耍时你还能自由活动而做出牺牲。描述方式之间的差异听起来很小,但是可不要低估语言的力量。它们会让你的大脑关注于你目前正在做的事情的积极面或消极面。

一个关于价值标签的有趣例子来自于斯坦福大学心理教授李·罗斯,他让试验对象们玩一个游戏,在游戏中他们可以选择合作或是竞争。在每一轮中,试验对象都要决定是与他人共享金钱还是独自占有。其中一半的人被告知这是一个"集体游戏",另一半则被告知是"华尔街游戏"。两个组所玩的游戏是完全一样的,但在第二组发生偷窃、说谎还有作弊的几率更高,将他们的行为与他们脑中对"华尔街"的印象相联系,试验对象(这真的很不幸)对于卑鄙的行为感觉也更良好。相反,使用了"集体"理念的试验对象游戏结束后拿到较少的钱,但是却感觉良好,因为他们的牺牲是为了"集体利益"。

从希尔伯特博士以及罗斯身上可以看到,选择用来描述你关键行为的词语时务必要细心。你不只是没有吃到自己爱吃的食物,你是在信守自己的承诺;你不仅仅是在爬楼梯,你是在走向健康;简言之,你正在建构自己的价值观,这样的想法会让你十分满足。

策略四:把它变成一种比赛

接着我们将要去往新西兰,短暂拜访这 2 支 13 人组成的队伍,为了控制一个皮质的球(指橄榄球),他们互相推搡、踢打,以至于部分队员受伤。这些人到底在做什么？他们正沉迷于橄榄球的乐趣，仅仅是为了开心。他们之所以如此享受这一运动，是因为他们把互相的推搡转换为一场赢家与输家之间的博弈、记分牌上的得分、统一的队服和最后的奖杯。

当面临个人挑战时，很多成功的改变者通过把琐事变成实在的分数来强化自己的动机。一场比赛有以下3个关键的设计要素：

1. 有限的时间。
2. 一个小小的挑战。
3. 最终分数。

举个例子，皮特，一位来自多伦多市郊外的改变者，通过将完成博士论文转变为比赛的方式完成了自己的任务。这件事，他已经拖延了多年，导师威胁他说他之所以迟迟得不到那个晋升的岗位是因为他的论文还没有交上。即使是爱人对他苦苦哀求，皮特依旧无法去着手完成这项艰难的任务。

但突然有一天，皮特把它变成了一场比赛。首先他给自己限定了90天时间去完成。当和时间赛跑时，任务就会变成一场比赛。接着他又把这90天分成了每天要完成的工作量，即每天他都会写两页论文。

"我脑子能支撑两页。"皮特解释道。

通过将目前的挑战和他现有的动机水平相比较，皮特提高了自己行动的可能性。每天只要他完成两页论文就可以实现一次"胜利"；把目标分成一个个小的部分去完成，对皮特来说是一种巨大的激励；因为这一过程给了他90次胜利，而不是仅仅在最后取得一个巨大成功。

到后来，皮特穿着借来的博士服给自己拍了一张照片。事后他将这张照片剪成了 90 片，一旦每天完成规定的页数，他就会往那张贴在卧室的某个角落里的马赛克般残缺不平的照片上加上一块。比赛开展 3 周以来，皮特表现得还有些局促，"说出来有些不好意思，但我还是得承认每天往那张照片添上一块这件小事让我十分快乐，简直就是我每天最激动的时刻。"

皮特通过把目标分解成一个个的小胜利、设定一个有限的时间框架以及创造一种有意义的计分方式，最终成功把一件棘手的事情变成了一场可以从中获得快乐的比赛。在他成功拿到博士学位后，他的老板还给他每年加薪 10 000 美元。而这才是真正有趣的地方。

在你将一项棘手的任务变成一场比赛时，说爱上你曾经所厌恶的东西有多么容易并不夸张。另一个关于如何学会热爱自己所讨厌的东西的有趣的例子来自一群年轻的糖尿病患者。想象一下，这对于一个 11 岁就被诊断为糖尿病，每天必须接受 6 次痛苦注射的孩子来说会有多艰难。谁会喜欢打针呢？但幸运的是，如今大部分孩子能够接受这种维持生命的治疗，因为他们将这一目标变成了一场比赛。

孩子们每天都有好几次需要往一个仪器中放进自己的一滴血，这个仪器会有一个读数。他们知道如果读数在 60 到 120 之间就意味着他们赢了，因为这刚好是正常的血糖指数。他们在进行一个比赛，时间有限（几个小时 1 次），还有一个小小的挑战（保持读数在 60～120），最终会有一个分数（此刻的血糖读数）。

以上 3 个要素把一味担忧自己长远健康的苦差事变成了一项有趣又富有激励性的比赛。我们并不是说对于患糖尿病的孩子们而言，比起玩一个小时 Wii，他们更喜欢测血糖的小比赛。即使治疗中途失败，他们在治疗糖尿病的过程中也会有与之前不同的体验。[一]它也使得那些看起来遥远又模糊（比如健康管理）的事情变得短期化和可掌控。通过着眼于短期并且把任务变为一场比赛的方式，这些患糖尿病的孩子正在通往健康与长寿的路上不断前进。

策略五：为自己定义一种鼓舞人心的自我评价

来看一下这位十分卓越的改变者——露丝·玛丽。她摆脱了以往卖淫、贩毒以及吸食可卡因的堕落生活，转变成一个远离毒品的健康市民。她之所以成功很大程度上是因为依赖于这样一种方法，每当面临诱惑时，她都会在心里回想一句简单的话来进行抵制。通过回想那句简短但有力的话，露丝·玛丽得以窥见另一个自己——健康而远离毒品的自己；并且每当面临诱惑时，她的脑海中就会浮现出这样的形象。

一切都始于露丝·玛丽决绝地离开街头[二]，向她十分欣赏的一位女性承诺做她的文秘。有一天她提前完成了一项较为复杂的任务，并得意地交给了她的上司。正当她转身准备离开时，上司看着她完美的成果，又转而看向露丝·玛丽，缓缓说道："谢谢你如此可靠。"

"可靠？"过去从没有人这样评价过她，她自己也不这样觉得。长期以来她都被称作"妓女、毒贩或是瘾君子"，从没有人说过她可靠。

这个词从那时起就变成了露丝·玛丽的信念之锚。接下来的 2 年多以

[一] 此处指一型糖尿病，又名为胰岛素依赖性糖尿病，多发生在儿童和青少年群体中。必须使用胰岛素才能获得满意疗效，否则将危及生命。
[二] 露丝·玛丽之前是一名卖淫者，而卖淫者通常在街头工作。

来，每当她被诱惑而快要放弃自己的抱负的关键时刻，她就向自己承诺，在做出任何决定前都要回想一下这句简短的话："我不再是一个妓女，不再是一个毒贩，不再是一个瘾君子。我是一个值得信赖的人。"这句话并没有太强的说服力，但每一次回想都足以撼动露丝·玛丽的心，并且还使得她面临选择时发生巨大的心理变化。这样一来那些原本的诱惑就会变得逊色。此刻做正确的事情仿佛更让人满足了。

如今露丝·玛丽身在何处呢？她已经获得了学士学位。现在看来，她更加"可靠"了。

在你拼尽全力保持在正轨上时，想一想露丝·玛丽吧。在你面临那些关键时刻时，例如，你必须决定是坚持健身计划还是收紧预算，抑或是每天早起去拿起那本会有益于自己职业发展的书，又或者做一些有挑战意义的事情，运用鼓舞人心的自我评价去重新看待你的选择。

积极的自我评价对你的默认未来会有所参考。它会描述一个你在其他情况下可能会忽略的生动故事，并且它是有意义的。完成一种积极的自我评价最简单的方式之一就是由一个可靠的朋友对你做一次"动机采访"。这种简易但十分有效的过程需要从一次简单的访谈开始。

为了弄明白这种特殊的访谈有着怎样的作用，让咱们暂时回到急诊室看看吧。但这次我们并不讨论头盔与器官移植，而是去直面一个14岁的醉酒孩子。

你照顾的是一个在整夜饮酒后晕倒的年轻人，更糟的是，这个男孩一直在独自买醉，这预示着他正处于酒精中毒的危险之中。你只是一个护士，而不是一名社会工作者。现在这个男孩酒醒了，他的父母正等着把他接回家。你有15～20分钟时间去帮助他找到改变的动力，对于如此严重的问题，时间确实少得可怜。

近来在一些相关研究中，急诊室的专家们对与上述情况类似的病人进行了"动机采访"，结果发现这种简短的聊天对病人会产生十分积极的影响。大量证据表明，那些得益于在急诊室里简短聊天的人改变的可能性更大，即使时间过去了很久，这种影响依旧存在。

在诊治了病人的伤痛之后，医护人员对这些受伤的瘾君子进行了一段15～20分钟的采访，让他们谈一谈自己未来想要的生活，以及打算怎样实现，等等。最后，试验对象会精心准备一段有力的评述，内容包括自己默认的理想未来以及关于如何实现他们计划的部分想法。如果试验对象有机会去展望一下改变或者不改变对自己未来的影响（即使是短短几分钟），很多人都会因此而在自己的生命中取得不小的进步。

总结：热爱你所厌恶的

当你致力于改变时，一定要摆脱这样一种想法：成功需要一辈子自我克制。你可以通过把自己可能的未来想象得杰出、悲惨而又真实，逐步改变你对于积极与消极选择的感受。你可以试着爱上你所厌恶的东西，为了达到这样的目的，以下这些策略必须牢记于心。

造访默认的未来。是否有方法让人们可以清楚了解自己最有可能面临的未来？造访最接近于你即将奔往的方向，这段造访经历越生动，它对你的影响也就越大。

讲述一个完整又生动的故事。有哪些具体的描述性语言可以总结目前你的境遇或前进的方向？

使用"价值判断"类的词语。 你清楚自己将要做出的牺牲，却不知道为何要这样做。你坚持怎样的原则？你在培养怎样的品质？你在坚持怎样的标准？

把它变成一种比赛。 能否通过设置一个时间框架或者途中的一个个小目标来达成更大的目标？是否有人和你互相鼓励，互相竞争？

为自己定义一种鼓舞人心的自我评价。 通过为自己定义一种积极的自我评价，让你在那些关键的时刻能够记起自己为什么要改变。造访你的默认未来，讲述一个完整又生动的故事，使用价值判断类的词语。在你最需要改变自己时，准确使用一些有意义的词语或话语。

下一步

回顾一下以上 5 个策略，决定哪一项是最适合你的，并加入一两个到你已有的改变计划中。

不要忘了，目前为止我们仅仅考察了一个影响力来源。单独使用一个策略对于激发动机或者促成改变很可能是不够的。因此，继续读下去吧！从 6 个影响力来源中学习策略，并把它们综合起来谨慎地应用。在你手里仅有一支玩具手枪时，实在没有必要急着在枪战中大显威风。

| 来源二 |

做你不会做的

　　回想一下你曾经在追求个人目标途中取得进步,但在下一秒又重蹈覆辙的情况。第二天你会有什么样的感受?如果你和大多数人一样,你会感到十分痛苦。但你的失望之情往往不会持续太久,因为你是一个普通人,你会振作起来,拍拍身上的灰,然后责备自己是一个窝囊废,因为你没有个人动力去完成自己的计划。

　　现在的问题是,为什么那些把责备的矛头对准自己的人就缺乏动力呢?因为这看起来是符合逻辑的。回想一下你上一次所经受的挫折,你面临诱惑,但最后诱惑击垮了你。你的伴侣无意识做了某件事情,一句完整的挖苦嘲讽的评价就自行窜入你的脑海。然后,它们又在你无意识时穿过你的脑细胞朝你的嘴巴奔去,你有过片刻犹豫,并觉得这比起轻率地把那些涌到嘴边的话说出来更好,但仅仅是一瞬间,你就放任自己的嘴巴说个没完。只要你立场足够坚定,你就不必遭受接下来这两天的冷战。如此一来,除了意志力不够,你还能怪罪什么呢?

其实，很多因素都应该被"怪罪"。至少有 5 个其他的力量正在影响着你，都是应该被"怪罪"的候选因素。意志力几乎不是任何问题的唯一解决办法，个人动机才是你自我改变的武器中"闷声发大财"的那一个。它蹲下身，渡过了各种难关，面对各种困境迎难而上，哪怕是最简单的解决办法也能把事情处理得十分巧妙。在这一章节中，你会远离纯粹的意志力，接触到一些更加巧妙的策略，用以提升方法论知识。你还会逐渐学会一种有意识的策略，来掌握克服你自身弱点的技能。

技能之于个人改变的重要性

每当你用尽全力去做那些你认为是对的但又频频失败的事情时，极有可能是因为知识的欠缺或是某种技能的缺失。而这两者——知识与技能，对于任何自我改变的方案都同等重要。

举个例子，每天一杯含糖的软饮料中所含的热量足以使你的体重每年增加 15 磅。这一信息其实并不是什么秘密，计算起来也并不复杂。但研究表明，那些肥胖的小孩以及其父母都几乎不可能意识到这一事实。他们存在着知识的欠缺。

人们若不还信用卡，每 4 年他们的债务就将翻倍。同样，这对于很多圈子来说属于常识，但对于大部分寻求破产咨询的夫妻来说则属于盲区。那些火速把自己患有哮喘的孩子送往医院的"烟鬼"父亲至少现在有可能意识到，是他们带来的二手烟引发了自己孩子的哮喘。在"工作中的障碍"的研究中，70% 的员工清楚他们的老板对自己的表现并不满意，但同时他们也不知道自己哪里做错了，该怎样改进。

这一发现显而易见。我们自身的很多问题部分源于我们无法达到所要求的水平，并且我们也很少去思考这个问题——因为技能的缺失或是存在知识的盲区。每当处于这种情况，仅仅提高你的个人能力就会有所作为。当你学会做自己以前不会做的事情时（不论是因为学会了一项行为技巧还是意识到了未来会发生什么），改变就会变得更快也更简单。

举个例子，改变者之一爱丽丝曾经尝试戒烟，并且意识到为了达到自己曾经设定的健康目标，她还需要减肥。回顾那些曾经的关键时刻，她意识到自己需要更好地认清自己的情绪。整个青年时代，她把一切负面情绪都贴上了"饥饿"的标签，然后就抓起一包薯片大快朵颐，最后还要点一支香烟。

随着爱丽丝学会使用更多情绪类的词语，她找到了另一种辨别和应对自己情绪的办法。最终，她学会了区分自己的饥饿与无聊、饥饿与受伤以及饥饿与焦虑。后来，不同于以往一有任何情绪波动就奔向冰箱的行为，她选择了另一种更加合理的应对自己情绪的方式。

举个例子，现在的爱丽丝一旦感到无聊，就会去找别人来一场令人兴奋的对话，或者找一本有趣的书来读，而不再选择拿起零食大快朵颐。感到焦虑时，她学会了让自己专注于正确的事来寻求安慰，而不会借吃零食来安慰自己。在爱丽丝学会了怎样用各种技巧处理自己多样的情绪时，戒烟与远离零食对她来说就变得容易多了。通过求助于来源二，以及学会一些正确的技巧，爱丽丝不再依赖于强大的意志力去实现自己梦寐以求的改变。

策略一：首先开始技能扫描

当你和内心的恶魔对抗时，你缺乏哪些技能与知识呢？答案可能比你想象的要难。回想一下改变者迈克尔·维克，随着他完美地实现了犯罪与吸毒的双重生活，他的技巧也日益纯熟。作为一位高明的瘾君子，他可以在刚进入某座城市时，就在几分钟内嗅出哪里藏有毒品。随着时间的流逝以及不断练习，他最终成为一名世界级的小偷"大师"。曾经有一段时间，他还成为垃圾堆的"穿山甲"。尽管这些技能没有一项为他的简历加分，但它们仍然是迈克尔·维克个人技能中举足轻重的部分。

不幸的是，在迈克尔努力想从"瘾君子与毒贩"的双重身份中脱离，转变为一位正常的公民时，他发现他缺乏某些技能，那就是如何过一种合法而冷静的生活。他对于自制、情绪管理（他一愤怒，就会喝得酩酊大醉）以及抵制诱惑等方面一无所知。

或者我们再看看萨拉·德文，她最终得以成功改变信用卡消费上瘾的习惯。她非常善于开空头支票，以及向丈夫隐匿自己的花销，最后还会编出一些半真半假的故事。拒绝自己的购物狂闺蜜一起逛街的计划，对萨拉来说简直比登天还要难。

直到某一天，萨拉学会了怎样计划一种可持续并且合理的预算时，她才得以控制自己的花销。她善于编造故事的能力解释了她的行为，而这也使得她理智消费的能力有所提高。她编造了一套说辞，并且实践它，她告诉朋友们，今天她不会去逛街购物了（并且装作有理有据或者使自己不会有伤颜面）。曾经她对每一次"去逛街"的提议都毫无抵抗力。

萨拉从未想到，要控制自己的花销需要一番对魄力的打磨。在研究了自己的关键时刻后（其中之一就是学会拒绝她的好朋友），她意识到必须掌握坚定拒绝朋友的能力，哪怕一个她非常喜欢的好朋友，对她低声乞求也同样不能心软，不然她将注定陷入繁重的债务中。萨拉在嗅探廉价商品这一点上堪称博士水平，但她在应对来自同伴的压力方面还停留在小学水平。为了进一步推行她的改变计划，萨拉需要扭转这种不平衡。

你同样需要这样做。当涉及你的改变计划时，首先要进行技能扫描。这意味着发现你完成改变计划中所要求的事情需要哪些能力；发现哪些是你知道的，而哪些不知道；以及哪些会做，哪些不会做。这在一开始会相当难，因此你需要向那些在改变之路上更有经验的人寻求帮助。

策略二：采取刻意练习的方式

当不知道怎样做那些自己以前不会做的事情时，几乎没有研究对象会比恐惧学习的人更抵抗学习一种新的行为。比如说，对蛇恐惧。想象一下，你只要一看到蛇，就会被吓得四肢瘫软。仅仅是蛇"嘶嘶"的声音也会给你带来恐惧感。

现在为了使你永远摆脱这种极度的恐惧，你觉得你会报名参加一堂专门教授与蛇"争吵㊀"的课程吗？这么说吧，到了这门课的期末，你会心甘情愿地坐在椅子上，让一条蟒蛇穿过你的肩膀吗？

这就是著名心理学家阿尔伯特·班杜拉在20世纪60年代中叶决定着手解决的挑战。而当时盛行的治疗方法是，让这些"恐蛇症"患者坐在沙

㊀ 代指前文的"嘶嘶"。

发上，然后通过弗洛伊德创立的"童年关键事件"分析法来引导他们，找出引起他们"恐蛇"的原因。

其实，班杜拉对他的同行①总是依赖于谈话治疗的方式感到厌恶。"你母亲怕蛇吗？"他怀疑还有一条捷径可以达到治疗的效果。他并没有继续探寻患者早期的记忆，而是训练患者怎样去面对蛇，简而言之，他在训练他们怎样做自己不会做的事情。

为了达到这一目标，班杜拉把这些曾经接受了多年无用的访谈性治疗的患者带进了实验室。他一步步带领这些研究对象观看并接近一条大蛇，而且要求他们最终从玻璃容器中把蛇拿起来，将其缠绕在这些身上没有任何保护措施的研究对象身上。如果他们不能独自坐在房间里，并拿起一条大蛇将其缠绕在自己肩膀上的话，他们就不能成功毕业。

为了让这次出色的转变起作用（别忘了，这些人怕蛇都到了乐意来到斯坦福大学心理系大楼接受帮助的地步），班杜拉将这个挑战（即克服怕蛇）分为几个小的可操作部分（触摸有蛇的房间的门，蛇就装在房子里的一个玻璃容器里；然后手挽着手跟随一位向导走进房间，接着再缓慢地离开房间；穿上保护服然后接近装有蛇的玻璃容器，等等）。每位参与者都要在一段时间里反复练习，同时会收到来自教练的反馈。通过快速掌握这些技巧（一般称之为刻意练习），最终所有研究对象都成功将蛇举到自己的肩膀处，顺利毕业。

现在到了最让人惊讶的部分，那就是整个过程仅仅花了 2 个小时的时间！

现在，也开始你的选择吧。选择一：你可以没完没了地与朋友、同事

---

① 指弗洛伊德。

以及爱人谈论你面临的个人挑战。选择二：你可以尝试接受一种颇为有效的，叫作"刻意练习"的"技能学习"工具。这可能是你学会克服任何挑战的技巧性捷径，或许这就是为帕特里夏打造的方法。

帕特里夏是一位精力充沛的重症医疗护士，也是一名来自明尼苏达州的护理教学人员，她正面临一项人们老生常谈的挑战，她急切地想要改善自己的婚姻。在对自己的技能进行扫描后，她发现是自己挑起了与丈夫乔纳森之间的敏感谈话，速度就如枪手般快，气氛也十分微妙。随着话题的展开，乔纳森虽然很想继续和帕特里夏谈下去，但他总是词不达意，最后只能用蜗牛般的说话速度结束这场谈话。等到他终于找到可以表达自己的方式时，帕特里夏已经火冒三丈了。

帕特里夏意识到如果她想要改善自己的婚姻，就必须要学会以丈夫说话的速度为基调来开展谈话。她要使自己更有耐心，并且要真正地学会聆听别人，而不是对丈夫进行批判和攻击。帕特里夏的说话习惯是在喧闹、好斗的成长环境中被无情地打磨出来的。

帕特里夏和乔纳森一起进行实践。他们先从改变帕特里夏和同事之间的沟通方式开始⊖。她和乔纳森将倾听的技巧分解为几个独立的部分，接着他们选择了一个帕特里夏需要与同事在工作上沟通的话题——关于有某种东西正在窃听帕特里夏的事情。帕特里夏在这个问题上先练习 10～15 分钟（不超过 15 分钟），最终乔纳森再给出具体反馈。

帕特里夏一边仔细思考某人刚刚说过什么，一边呼气。她还练习了问问题，一旦她在回复别人时表现得太急切或是太苛刻，乔纳森就会立刻给出反馈，以此类推。

⊖ 即帕特里夏在工作中也不能耐心地倾听同事的倾诉。

帕特里夏表示通过遵循刻意练习的要点，她在改善沟通技巧方面所取得的进步比起让她读一摞书所取得的更多。当然，她不仅提高了在工作中的倾听能力，在与丈夫交流的过程中她也学会了使用这一技巧，而这正是她当初练习这一技巧的初衷。

以下就是利用"刻意练习"这一策略的具体方法。

练习，并且是为了关键时刻而练习。很多人会思考、谈论并且再三考虑他们"需要做什么"。但他们从未想到跟着教练或是朋友进行练习。这是不对的，每个人都需要练习，你也不例外。当谈到练习的时候，人们经常会引用美国传奇国家橄榄球联盟教练文斯·隆巴蒂的话，"练习并不能促成完美，完美的练习才会诞生完美。"

你该怎样实现这种"完美的练习"？关键时刻为我们指明了方向。帕特里夏发现当她想要和乔纳森讨论某个问题时，最会伤害到或者强化她婚姻关系的，正是这些关键时刻。因此在这些时刻，她会使用自己曾经练习过的技巧以做好准备。审视一下你的关键时刻，扪心自问：我需要做些什么才能在这些高风险的情况下逃过一劫呢？

将技巧分为很多小的部分，并且在短时间内练习它们。帕特里夏避免了长时间谈话的错误，并在谈话结束后寻求细节的反馈。谈话中什么时候会犯错已经成为她的一种风格，在谈话中犯错似乎成了她的一贯风格。为了使练习的部分尽可能短，帕特里夏每学习一项技能，就将其分为很多个小的部分，然后分别练习它们。最初，即使在她觉得自己受到人身攻击的时候，她也试着管理自己当时的情绪。这让她明白自己需要重新看待别人对她的评价，并且学会控制自己的呼吸。接着她尝试重新看待别人对某些事情的观点。最后她又专注于使用巧妙的试探性语言来与他人分享自己的观点。将任务分解为多个小的部分让任务本身变得可管理，且使人更容易学会。

对照一个明确的标准及时给出反馈，并评估你的进步。在帕特里夏潜心于刻意练习时，她很快发现自己正处于一个视角的盲区。那就是当她在谈话的时候，自己虽然对自己的表现有一个看法，但是她却不知道别人眼中的自己是怎样的。因此，乔纳森弥补了这一空白，从自己的视角为帕特里夏给出了反馈。他指出帕特里夏强硬的口气、游离的眼神以及具有煽动性的语言是问题所在。在乔纳森指出来的时候，她才意识到她强调自己论点的方式是用手指指着别人，而这种方式就像是在指责他人。

准备好面临挫折。最终，乔纳森帮助帕特里夏提前准备了一场具体的关键性谈话，以备她以后会遇到些艰难曲折。她还汇报了谈话中不顺利的部分，并把它们看作一个在未来开发更多技能的机会。

一个商业案例

因为"刻意练习"这一策略过于复杂，所以我们要在这里引入另一个案例来帮助理解。在这一案例中我们会看到麦卡·尼克运用刻意练习来提高撰写报告的能力。他每周都要写几份报告，但发现它们都十分无聊且非常耗时。直到现在他才发现是自己的报告质量和效率过于平庸才导致了自己的薪水始终上不去。因此，他制定了在1个小时内完成一篇高质量报告的目标。

麦卡首先将这项技巧分解为很多小的部分，并且在短时间内逐一练习。这些小的部分有：报告目标、进展、时间以及预算上现时的风险，还有他需要来自经理的某些决定以确保完成任务。他首先开始了"目标"这一单独的部分，撰写以及不断修改报告直到只剩精华为止。

麦卡还创造了一种"根据一套标准，快速获得反馈并评估自己进步"的方法，他把"报告目标"这一部分作为自己的模型，并把它应用到其余几个小的项目㊀中。他在桌上放了一个计时器，看自己从无到有写出一篇报告要花多长时间，然后将完成的报告与自己的模型相比较。几个小时的刻意练习后，麦卡能够做到在短短 5 分钟内写出一份清楚而准确的"报告目标"。然后，他使用同样的方法去着手完成报告中的其余几个部分。

麦卡对于挫折也有所准备。他完成的一部分报告内容十分新颖，但却很耗时。他也发现这样的练习帮助他完成了很多偏向于个性化的报告。最终他在写作与表达上发现了捷径。

你一样可以享受到这样的成功。研究表明如果你同样遵循"刻意练习"的要点，你可以比遵循结构化不太强的学习方法速度快 2～3 倍。

策略三：学习意志力技能

你所面临的挑战中，最棘手的那部分之所以棘手，是因为它们在测试你的意志力。每个人都知道这一点，但极少有人知道意志力是一项技能，而不是一种人格特征。同其他任何事情一样，意志力可以习得并且强化。意料之中的是，最好的学习方式是刻意练习。

回想一下改变者之一玛莎·爱丽丝，她通过远离高热量食物的方式尽力减肥。她有一个关于"吃哪些食物以及远离哪些食物"的计划。她也发

㊀ 指前文的几个小的部分：报告目标、进展、时间以及预算上现时的风险，还有他需要来自经理的某些决定以确保完成任务。

现了很多自己容易失败的关键时刻。她的目标就是在这些关键时刻中提升自己的意志力。

举个例子，每当进入咖啡店，玛莎就会感到自己有风险。她似乎很难控制自己不点那些含有高热量添加物的饮料。因此，一杯意式特浓咖啡或者仅含有 5 卡路里热量的黑咖啡就会变成一份含有超过 500 卡路里热量的 16 盎司巧克力摩卡咖啡。所以她的规则是：近期不要去咖啡店。

但这一规则并不现实。因为玛莎喜欢喝咖啡饮料，而且她经常和朋友一起去公司附近的咖啡店。她宁愿培养"走进咖啡馆，点一杯意式特浓咖啡"的意志力，还能够说出"不加奶油以及糖，谢谢"，并且做到享受与朋友在一起的时光。但玛莎知道，她并没有那样强的意志力。

因此，玛莎应该冒着和朋友走进咖啡店去面临她无法抵制的诱惑这样的风险吗？还是她应该为了所有的诱惑而放弃和朋友聊天？

如果玛莎只是和朋友走进咖啡店，看着店里各种高热量的饮料，那她还是待在咖啡店外更好。如果没有某种计划来巩固她的意志力，她会受到不必要的自我折磨。

因此玛莎制订了以下计划，计划包括"关键时刻"列表，按风险由低到高排列。

- 上午休息。我想来一杯咖啡，但不想吃任何甜的东西。这是风险最低的，我通常可以远离饮料带来的热量。
- 午餐后。我会和同事在返回公司的路上顺便去一趟咖啡店，这对我来说有一点诱惑力，我经常会点一份高热量的饮料。
- 周六早上。我一般不会吃早饭，我会和朋友约在咖啡店见面，然后去逛街。这时的诱惑力变得非常高，我总是无法拒绝一杯500多卡路里的饮料。
- 我丈夫每周日下午会带我去咖啡店约会，他会点很甜的饮料，也会为我点一杯。此时诱惑系数最高，我真的毫无意志力。

随后，玛莎为关键时刻做准备的方式是，转向求助于一种有用的影响力来源。首先她恳求自己的丈夫以及同事充当自己的教练，鼓励她做出"低热量"的饮食选择。要知道这些教练是为了帮助她抵制这些诱惑。

玛莎通过使自己处于充满诱惑的情境下来开始刻意练习。她的目标是亲身体验这些诱惑，但是又不能屈服于这些诱惑。为了避免自己屈服，玛莎采用了一种强化自身的意志力技巧。她尝试了几种不同的方式来使自己分心，她不再纠结于自己脑海对这些高热量饮料口味的各种想象（她以往的策略就是这样），她决定将视线转移。接着，再退回一步，读起了墙上的一幅海报，随后她又开始和朋友聊天。在排队等饮料的时候，她又拿出手机查收邮件。她还通过回忆自己的个人动机声明来转移自己的情绪，并且仔细回忆其中的每一个字。

玛莎发现在她分心的时候，她戏剧化地降低了自己的欲望。她还发现，自己的渴求，即使是最强烈的渴求，通常也会在15～20分钟内慢慢减弱。玛莎没有必要不断地使自己分心，分心会导致延迟，而延迟会降低欲望。

随后玛莎在更困难的情境下又练习了"分心—延迟"策略。第一次是和某个怂恿她去吃自己喜爱的巧克力的人在一块，那时她正饿着肚子。自然，此刻她正处于非常危险的时刻，因此在之后玛莎只会在有教练陪同的情况下才让自己置身于高风险的情境。她的目标是掌握抵制诱惑的技巧。

在这一点上保持谨慎是十分重要的，因为在有些情境下忍耐是不可能的。举个例子，很多专家表示，在充满诱惑的情境下，酒徒们很难培养足够的意志力，因而不能在这样的情境下保证安全。所以，很多酒徒从不走进酒馆，有的酒徒从不在家里储存酒精饮料。玛莎认为，在饿着肚子的时候和一个经常怂恿她跨出雷区⊖的朋友一同去咖啡馆是在挑战自己的极限，因此后来她避免再面临这样的诱惑。因为比起面临新诱惑带来的好处，她认为自己极有可能会屈从于诱惑，那样的结果自然得不偿失，所以她以后会谨慎地做出选择，而你也必须这样做。

专家们在一点上都达成了共识使我们感到安慰。安全的要旨是：在有教练陪同的情况下，在有风险的情境中进行刻意练习。在你通过实现延迟以及让自己分心来培养自己的意志力时，一定要寻找一位你信任的朋友，在诱惑对你过大时能够有力地将你拉回到安全的状态。

总结：做你不会做的

如果你和大多数人一样，那么你在制订个人改变计划时，会更依赖于意志力，而不是强化自己的技能。你会发现，保持坚韧是回应你所有渴望的最佳方式。进一步说，怎样的技能可能会在你面临诱惑时起作用？

在你观察这些实际行动中的改变者时，你会发现他们都以某种形式学会了辨别自己的关键时刻。他们为自己制定关键行为、做技能扫描，发现

⊖ 跨出雷区指屈服于诱惑。

在什么地方需要学会新的技能，然后致力于此。

帕特里夏的回应方法是学会怎样开展高风险的谈话，麦卡在截止日期的压力下练习怎样撰写报告，玛莎学会了怎样提高自己的意志力。在提升技能时，你同样需要小心谨慎。

采取刻意练习的方式。你需要采取怎样的策略？你清楚地知道自己要做什么和说什么吗？你需要学会的技能复杂吗？如果复杂，该技能的组成部分有哪些？你将依照怎样的标准来衡量自己？谁有资格来给你反馈？

学习意志力技能。对你诱惑最大的场景是什么？你将怎样避免它们？如果你不想完全避开它们，你又将如何忍受这些诱惑？做什么才能让自己完全分心？谁又会帮助你度过这些艰难时刻？

| 来源三和四 |

把共犯变成盟友

你不用成为社会专家就能知道你周围的人对你的影响有好有坏；而且你也不用去费心研究社会学，就能发现在很多研究中人们都沦为了社会影响力的俘虏。举个例子，在20世纪50年代早期，所罗门·阿希[一]就能通过使一些"同龄人"先给出错误答案的方式来控制研究对象，使他们选择错误的答案。一旦他们处于公众的注视之下，2/3的研究对象都会给出错误答案，这部分人都选择不偏离已有的"规范[二]"。

如果施加社会压力的这部分人不仅仅是同龄人，而是有权威的存在，那么这部分研究对象就可以轻易地被玩弄于股掌之中[三]。斯坦利·米尔格拉姆曾经一项令人难忘的研究表明，身穿实验服的演技人员能够影响普通市民做出他们本来认为对个体有致命影响的决定，而这些个体犯错仅仅是因

[一] 美国心理学家，研究领域为认知心理学。
[二] 指已有同伴给出的答案，尽管它们是错误的。
[三] 指研究者可以通过对研究对象施加社会压力来影响他们的选择。

为给出了错误的答案①。当社会影响被最大程度地应用时，90%的个体会变得焦躁，但最终他们都会归于沉默。

在另一个不太有名但相关的研究中，为了测量催眠的效力，悉尼大学的学者使试验对象处于深度的催眠状态并且让他们抓起一条含有剧毒的蛇。第二天再让他们将手伸进一桶酸中，最后他们要求研究对象将酸泼在一个研究助理的脸上（估计你无法相信）。当然这个试验的每一步都是人为的，这条毒蛇实际上藏匿在一块玻璃幕墙后面，而所谓的"酸"也被偷偷地换成了有颜色的水。但这一切看起来十分逼真，并且每一位试验者都照做了。这是催眠力量的有力体现，或者说这是他们认为的催眠力量。

为了提供准确的科学证据，研究者需要设置一个控制组。他们需要让控制组在没有被催眠的状态下完成与前一组同样的测试。这样他们就可以确定催眠是不是这些被催眠的研究对象绝对服从测试的原因。在对控制组进行的测试过程中，研究人员对结果不禁愕然。试验组与被催眠组的表现完全一致，每一个未被催眠的研究对象都按指令拿起毒蛇，把手伸进酸中，以及将酸朝研究助理脸上泼去。

为了弄明白我们是否能论证社会压力的巨大作用（毕竟很多原始的研究都是在半个世纪以前开展的），我们的团队在"改变一切"实验室开展了一项自主研究。我们尝试着使用社会影响去做一些比起折磨路人②或者冒着残疾或生命风险更"体面"的事情，我们希望将其利用于让孩子们自觉洗手的服务中。

我们先让孩子们一起完成一幅拼图，每一轮结束后作为正确完成拼

---

① 此处代指米尔格拉姆的服从试验。
② 此处代指试验对无关人员造成伤害，例如上文提到的朝试验助理泼酸。

图的奖励，研究对象会得到一块诱人的蛋糕。但是他们需要先使用杀菌凝胶洗手，这时我们会告诉他们先前一个组的一个患有鼻塞的男孩摸过这些拼图。

为了满足自己的欲望，每一个小孩子都会冲向蛋糕，而不会停下来洗手。要怎样才会让他们乖乖地洗手呢？突出细菌的存在还不够，因此我们尝试将杀菌凝胶的位置放到更便于使用的地方，但没有人使用。只要有一个孩子在其他同伴都冲向蛋糕时停下来，提醒其余人"别忘了洗手"，那么这时12个研究对象中剩余的11个对象就会和那个孩子共同遵守这个规则。在多年的试验中我们发现，人终究是人，我们是社会型动物。

这意味着，就算你开支过大，也会有人和你一样。如果你沉迷于电子游戏，好吧，这在整个社会中司空见惯。当你因为沉迷电视，独自一人，身体机能慢慢衰退，也会想到实际上有许许多多的人在某个地方尽自己最大的努力与你保持同步，蜷缩在沙发里，看着电视里播放的广告。

我们对帮助你克服他人目前对你想要改变的习惯所产生的影响的盲点非常感兴趣。更重要的是，我们将帮助你找到方法，来运用这些不可抵抗的影响力让它帮助你实现目标。你的目标并不是简单地抵抗来自同龄人的巨大压力，而是使这些压力为你服务。

策略一：敌我分明

在涉及坏习惯时，你身边会有两种人：朋友和共犯。朋友会帮助你走向健康、快乐以及成功，而共犯恰恰相反。共犯会助长以及煽动你目前的坏习惯，使你再次"犯罪"。

你可能误将一些共犯当作自己的朋友，因为你喜欢和他们共处。然而，如果他们让你或者怂恿你做出不明智的行为，比如消磨你的斗志、喝酒、耍个小诡计、上班缺勤，那他们就必然是你的共犯。

这或许有点耸人听闻。但要明确的一点是，你身边的人并不是在心里计划着要成为你的共犯，造成这样的结果不是有某种不轨的动机，而是他们本身既有的消极影响。

因此，如果你希望改变你生活中的某些顽习，你需要采取一条最重要的措施：辨明你身边的朋友和共犯。

共犯

显而易见。在你环顾四周去寻找那些正在引诱你去做那些不健康行为的人时，你会发现有些人是显而易见的。例如，餐馆里最引人注意的服务员会滔滔不绝地谈论店里的甜品有多美味，但他关心的只是你腰包里的钱，而不是你的健康。

没那么明显。还有一部分人你可能并不在意或从未注意过，尽管他们的存在会极大地左右你的选择。信不信由你，许多共犯做的事情不过是给你蒙上一层阴影来左右你的选择，以下例子会告诉你他们是如何起作用的。

迈克尔·伊森是所有勇敢改变者中的一位，他曾经被饮食问题所困扰，并且这一问题在不知不觉地慢慢升级，而这正要"归功"于他身边蛰伏的不易察觉的共犯。迈克尔并没有意识到自己变得有多胖，直到有一天他看见公司的宣传海报上有一位严重超重的员工。他盯着海报看了很久，心里觉得越来越可怕。足足花了 1 分钟，迈克尔才意识到图片中的肥胖员工正是他自己。

模范，什么是正常的

迈克尔怎么会错过发生在自己身上的事情呢？他有一面镜子，他也有量尺，但他所处的圈子全是由朋友、同事以及陌生人组成的，而这些人都和他一样在渐渐长胖。这些不知情的共犯帮助他改变了平均体重的概念、合理体重的观念，而他对此毫不知情。

尼古拉斯·克里斯塔基斯，一位来自哈佛大学的社会学家，曾经对这种微妙的现象有所研究。在梳理了弗雷明汉○和曼彻斯特地区居民 30 年的数据后，克里斯塔基斯发现肥胖至少部分是具有传染性的，人们很容易从其他人身上习得。他发现有朋友身材肥胖会极大增加你跟风○的机会，其几率高达 57%。

这种可怕的现象是怎样起作用的呢？最好的解释是我们身边目之所及的人会影响我们对正常的看法。（正如案例中的迈克尔）我们知道自己长胖了，但是我们并不认为自己超重。为什么？因为我们和周围的人一样，而这让我们看起来很正常。

不幸的是，我们身边的人会以更深远的方式来影响我们，而非给我们提供掩饰的机会那样简单。举个例子，你的一位同事对管理层非常不满，嘲笑那些有抱负的员工，在组织内部强调小团体而不重视专业素质

○ 美国马萨诸塞州东部城镇。
○ 即和朋友一样，变得肥胖。

培养。在这个"正常团体"内部,哪些交流是可以被接受的?既然每个人都在这样做,谁会因为你这样做而嘲笑你呢?自然,你的朋友、同事以及爱人都会接受你的方式,因为他们都在以你所做的"正常的"事情为模范。

令人痛心的是,我们的同事为了改变我们对"哪些是可接受的"这一观念做得最积极的事情之一就是保持沉默。这种不易察觉的同盟也会愿意帮助我们保持正轨,但他们也同样对怎样提供援手一窍不通。

举个例子,当初在"改变一切"实验室中开展的,如今非常著名的"沉默致死"研究,我们了解到一位相当粗暴的麻醉医生,当时他患有阿希海默症⊖,但未被确诊。护士和内科医生都无法和他说上话。我们认为他有时之所以无法理解协议,可能是因为他当时分心了,并且医生和护士都无意冒犯他或者存心为难他。

最终,医生和护士在一次儿童手术中失去了与这位麻醉医师的联络。一位护士立刻又安排了另一位麻醉医师协助手术,而真相也浮出水面,如果没有人愿意跟这位麻醉医师说话,那么这名患者几乎必死无疑。

我们都曾一言不发地看着他人以不健康的方式做事。看着我们的朋友不断陷进更深的麻烦中去,我们曾经都保持沉默(尽管有时候非常痛心)。一旦决定一言不发,我们就成为沉默的共犯。

对于我们自己不健康的行为,我们身边也会遍布沉默而饱受折磨的共犯。一旦他们觉得舒服,便会把我们往正确的方向全力助推。

共犯影响我们的最后一个方式是消磨我们的斗志。举个例子,菲利帕·克拉克,一个来自密歇根大学的流行病学家,曾经对一群 40 岁的人

⊖ 俗称老年痴呆。

进行了研究，这些人自少年时代起就已经超重。她发现同龄人压力与几类不同的消极后果之间存在关联。

比起部分自高中毕业后逐渐长胖的40岁研究对象，从19岁就长期肥胖的人教育程度更低，就业水平更差，社会福利也更少得到保障，并且拥有伴侣的比例也更低。为什么会有这样的结果呢？克拉克认为，长期肥胖的人群可能在孩提时代就经历了更多歧视，导致自尊受挫，而这反过来使得他们的斗志也被逐渐消磨。不管喜欢与否，同龄人不仅帮助我们定义了什么是正常的，也为我们定义了什么是可能的。

主人：谁设定了这样的日程

接下来这一组共犯在我们的生活中更加可视与积极。他们并不希望我们遭受痛苦，相反，他们喜欢分担我们的软弱之处，不仅仅是乐意与我们说话。这一组并不只是被动地交流什么是"正常的"，而是他们总是在例行的聚会中决定什么是"正常的"。其做法是，他们充当起了为我们做那些并不管用的决定的主人。

举个例子，回想一下蕾妮·科尔，她曾经难以控制自己的开支。在她实现转变以前，蕾妮刷爆了8张信用卡，单单是在利息上就要花费280美元。这使她陷入了沉重的债务中，每个月月末都濒临破产。她是怎样一步一步走到今天的呢？

后来我们发现蕾妮有很多富有的女性朋友，而她们的收入是蕾妮的3～4倍之多，蕾妮通过消费高档的食物、购买亮丽的高跟鞋以及水疗度假的方式来和这些富有的女性朋友达到金钱的匹配。也就是说，她一直紧跟朋友们的步伐，直到某一天她发现自己已经负债累累。当然，没有人强追她穿一双价值800美元的杰米·周○凉鞋,更没有人要求她点一份昂贵的松露配菜,但这些把她和她的朋友们聚到一起的东西中间往往隐含交易,那就是昂贵的花费才会有和朋友们待在一起的美好时光。

当然,和朋友待在一起就像……如果你曾经尝试控制自己的选择,你就必须要控制影响这些选择的社会事件。如果你想阻止那些助长你养成坏习惯的活动,比如会议、午餐、社会圈子等,你需要意识到这些东西的影响是什么。这些组织扩大的是共犯对你的影响,而不是朋友对你的影响。

仔细想想哪些事、哪些人让你的改变变得困难,然后自己掌控这些事件,不然就远离它们。

如果情况变得更糟,如果你觉得改变过于困难,很有可能是因为你身边有某些人在让你不停地为坏习惯买单。

举个例子,17岁的瑞琪儿·李发现她最亲爱的"朋友"比起她们之间的友谊更关心彼此共同沾染的恶习○。她意识到这一点是在某一天当她心情十分低沉时(她当时正在每天服用维柯丁○以及其他几种处方药以起到满足毒瘾的作用),她跑去向最好的朋友贝恩求助,以求安慰。瑞琪儿向自己一生的挚友敞开了内心,跟她分享自己想要变得清白,自主掌控自己的欲望并且希望能够上大学。贝恩全程一言不发,直到瑞琪儿倾吐完自己的梦想,贝恩才冷漠地看着她说道:"所以,你现在觉得你比我高人一等了吗?"

这是来自一位十分挑衅的共犯的回应,或者说是欺凌。本质上,贝恩是在让瑞琪儿不停地为她的坏习惯买单。

○ 英国著名鞋履奢侈品品牌。
○ 指后文的毒瘾。
○ 一种会使人上瘾的止痛药。

讽刺的是，在瑞琪儿制订了一个周密的计划来戒除她对处方止痛药的上瘾时，她得到的只是贝恩的怜悯。这位从前最好的朋友挖苦她，威胁她，诱惑她，甚至恳求她，费尽心机想让瑞琪儿继续挣扎在多年来她们共同分享的毒瘾中。只有让自己远离从前的挚友，瑞琪儿才能彻底摆脱消极的影响。

以上所有提到的共犯有什么意义呢？如果你想把社会影响为自己所用，你必须辨明各种共犯。隐蔽的、公开的、让你坚持老一套摆主人架子的毛病，等等。快速记录一下，在你没有继续遵循陈旧而酸腐的模范时，谁会对你指手画脚？谁又会在你开始追随新的健康方法时吹哨喊停？而你又担心让谁失望以及受到谁的批评，或者引起谁的愤怒？以上这些都是你的共犯。

盟友

教练与粉丝：谁为你大喊，给你帮助，为你助威？

现在让咱们将注意力转到我们改变计划中最大的盟友身上。这些人会积极地，有时候不知不觉地通过为我们做出正确选择，与我们交流，让我们负起责任，提供建议以及不断鼓励我们来帮助自己始终停留在通往成功的路上。

你的朋友也极有可能已经扮演了上述角色。有些充当了非正式的教练，提醒我们遵守规则，观察我们的表现并且教导我们怎样取得成功。其余朋友会站在警示线以外，观察我们的行为，为我们的每一次成功欢呼，这些激励我们的朋友扮演了粉丝的角色。

以下就是关于这两种朋友怎样对你起作用的描述。

教练

我们研究的所有案例中，改变者几乎都从非正式教练的帮助中得到了益处。举个例子，桑迪·米歇尔发现自己的婚姻每况愈下，与伴侣之间的分歧变得越来越频繁、尖酸和苛刻，对婚姻也愈发不利。起初，桑迪把这一切都归咎于伴侣，但当她开始检视自己的行为时，她意识到自己也在其中帮了倒忙。站在她身旁，助长她这种无用行为的人正是桑迪有声的共犯。

桑迪已经养成了把"蠢丈夫"的故事与任何欣赏她认为"是其丈夫导致了两人婚姻问题"的人进行一番比较。她还和一个同事就"蠢丈夫"一起说笑，待在一起时，她会与其分享"蠢丈夫"的故事。当然，共犯助长的这一谣言并不会解决任何问题，除了让她觉得越来越沮丧，自己有理有据并因此自以为是。

最后，桑迪将自己的共犯换作一位经验丰富的教练。她远离了那些对自己的婚姻愤世嫉俗的人，与一位咨询师不断取得联系。咨询师帮助她看到了这段婚姻中不仅仅只有消极的部分，还有很多积极的地方。最后，桑迪和丈夫与这位咨询师共同合作，接受不断朝着良性关系发展的训练，彼此都不在背后说对方的坏话，最终两夫妻都从"将共犯换为积极的教练"中获益。

几乎所有的改变者都以相似的方式使用过教练。瘾君子加入全是戒毒专家的小组，学习新的生活技巧；购物狂参与由金融与行为改变领域的专家开设的课程；高管经常得到来自教授人际关系的个人教练的帮助。当然，很多人也通过教练来学习怎样锻炼以及怎样吃得更健康。

因此，在你制订出自己的改变计划时，一定要找一名教练。

粉丝

朋友还可以以另外一种方式提供帮助。除了成为一名积极的教练，也可以转变为你的粉丝，为你提供度过自我改变所经历的艰难时日的动力。像所有忠诚的粉丝一样，他们会站在警戒线以外为你的成功欢呼，或是轻微地斥责一下你的失败。

举个例子，迈克尔·艾森是之前我们遇到过的那位努力想战胜肥胖的哥们儿，他非常享受在网站上记录自己日常锻炼的经历。该网站使得他与很多经常在网站上查看他进步的人联系在一起，每天天一破晓他就明白在世界上的某两个角落里还有两个哥们儿正在热身，准备开始一天的锻炼计划。当他登录网站，写下自己的日常报告时，迈克尔明白他们正在关注着自己。

迈克尔解释道，"只要我知道他们在那里等待我，就会给我施加一点额外的动力，让我能每天都坚持运动。"他的兄弟们正在监督着他，并且他觉得自己有义务在网上像接受点名一样例行记录自己的日常锻炼。在这样的情况下，他们就好像同伴教练。但在义务之外，他喜欢这种战友情谊以及在取得成功时这两位兄弟对他表示祝贺的成就感，他们像自己的日常粉丝。

越来越多的人学会了怎样将同事转变为自己的粉丝。举个例子，还记得护理产品协会（CPI）是怎样运用粉丝来帮助糖尿病患者控制自己血糖水平的吗？

在意识到糖尿病人的关键行为之一是每天用锋利的针头在指尖扎 6 次⊖后，你很难苛责他们无法自主管理自己的健康。研究表明，少于 1/3

⊖ 指血糖测试。

的糖尿病患者每天坚持做这一应有的测试，即使他们完全明白自己的"玩忽职守"有可能导致身体截肢、失明或者死亡。

那么，如果这样严重的威胁还不能改变大部分糖尿病患者的行为，还有什么会呢？

护理产品协会发现，可以简单地通过把他们交给其朋友处置的方式来提高人们的服从率。为了利用这一有利的影响力来源，护理产品协会的设计者发明了一种医疗设备，它会向病人的家人以及朋友，而非医生发送有关病人情况的邮件。随后，正如你所猜测的那样，朋友以及家人会立刻联系这些不情愿接受血糖检查的病人，并鼓励他们重新接受检查。只需要一点点来自亲友的积极（或者消极）反应，很多糖尿病人就会自觉开始接受应有的检查。

关于粉丝，我们的确需要更多可爱的人。

重新计算

现在你已经能看清你身边人，哪些是在帮助你或是怂恿你改变自己的习惯了。是时候让数学为你服务了。最后，你一定想要自己的世界里朋友多于共犯。在一个理想的世界里，你会想要没有共犯，只有朋友。

好消息是你不必找很多新朋友、爱人和同事，大部分的熟人都将不得不改变他们对你的态度，而且很多人都乐意这样做。

策略二：重新定义"正常"

为了帮助削弱共犯和不健康的模范影响，必须注意他们是怎样影响你对于正常的看法的。不要被那些张嘴就"所有人"的家伙给糊弄，也不要用"正常"来为他们自身不健康的行为正名。反之，你应该称之为不健康、不明智甚至是危险的，永远不要称之为正常。

举个例子，思考一下最近已经在国内公用无线电台播出的以下互动：一位专家正在讨论多任务处理的好处与坏处，而当时台下一位情绪激动的听众举手解释道自己的生活过于忙碌以至于他必须多任务处理才能赶上进度。在他的例子中，开车上下班是他发送短信给朋友和助理的绝佳时机，而对方这个时候也会回消息（同样是在开车）。简言之，"每个人"都在开车的时候发短信，因此这对于他的生活有很大帮助。

一片尴尬的沉默后，这位专家这样回应道："如果你喜欢的话，你可以称之为多任务处理，但我认为这种做法是极其不安全的，如果一边开车一边发短信，你极有可能发生车祸。"

为了自己你也必须这样做。如果你依旧用那套由与你利益毫不相干的人设定的模范衡量自己，你将有可能走上毁灭的道路。思考以下来自一位执行官朋友的话，他曾经在研究自己的竞争者时得到了不应有的安慰。

这位执行官解释道，"起初，我们对经济的下行形势非常担忧，但当我们了解到我们的竞争者和我们的境地差不多时，就不再感到害怕，直到有一天我们的竞争对手宣告破产，之后不久我们也重蹈覆辙。我简直无法相信我们有多蠢，就好像我们在以一具死尸作为衡量标准，并且比较下来还自我感觉良好。"

或许当"正常"的理解发生改变时，最好的回应是停止在内部进行比较的做法。脱离已有的对什么是"普通以及可接受的"的观点，为了这样做，你需要问自己两个问题。第一，你想怎样生活？第二，你想成为什么样的人？

策略三：开展一次转变性的谈话

尽管你的共犯可能会很强大，但好消息是你可以仅仅用一个简单的方式就将他们变成自己的朋友。开展一次转变性的谈话，不要等着别人来猜透你的心思，明确告诉他们你想要什么以及需要什么。

举个例子，让急于想帮助你但又沉默的共犯说话，让你这些好心的朋友知道他们做什么才不会伤害到你。密切关注那些想训练你重回坏习惯的人，至于你们未来的关系，你会在一段时间内做出正确的选择。

通过求助的方式与他人开展转变性的谈话。不要责怪别人，但切记要向他们解释。专注于他们带来的影响，而不是一味责备他们不轨的意图，不要让他们觉得你在自我防御。然后重新开始一段健康的关系。最后，向他们明确解释你想要他们做什么。举个例子，"如果你听到我在餐馆点高热量的食物，尽情鼓励我选择更健康的食物吧。"

接下来就是最好的消息。每一次当你成功把共犯变成盟友时，你就实现了两次胜利。你消除了正在阻碍你的某个人对你的影响，还新增了一个会帮助你改变的朋友，把共犯变成盟友给你带来了双重影响。正因为双重影响，这一简单的处理方式⊖会成为你应对社会影响最有力的工具。

⊖ 指化敌为友策略。

策略四：增添新朋友

利用社会影响最简单的方式是增添新朋友。找到那些与你有着同样目标或者有兴趣帮助你的人，把他们变为你的教练或者粉丝，或者仅仅是和他们一同外出游玩，见识一种新的"正常"。大部分人都会乐意提供帮助，建立一段关系最快的方式就是真诚地请求他人帮助。

改变者罗恩·迈尔在销售经理将他归为试用期员工时，才决定是时候做出改变了。他近期的销售额总是低迷不振，他也明白要想保住工作就必须改变自己的习惯。他首先改变了自己的午餐习惯，他意识到自己总是和那些愤世嫉俗并且可计费时间很短的销售员工打交道。最后他得出结论，如果想提升自己的销售可计费时间，他需要来自有不同视角的人的影响。起初他觉得尴尬，因为他觉得和那些更成功的同事待在一起很不自在。但随着他的态度与目标逐渐向新的"正常"看齐，罗恩学会了享受这种不自在的感觉。很快他就脱离了试用期成为正式员工，并且取得了飞速进步。

如果你想一次性增添好几个新朋友，参加一些社团或者加入由正在努力克服同样问题的人组成的圈子。举个例子，迈克尔是通过将自己的减肥计划公布在脸书上才开始实现自己令人难以置信的成功的。

"我立刻就收到了一条来自我教区的兄弟的消息。"迈克尔解释道，"我们算是朋友，但是我并不知道他也正在参与同样的项目，我们成了亲密的朋友，共同克服了许多困难，并且一直相互鼓励。"

策略五：远离那些不情愿的人

并非所有与你打交道的人都乐意从共犯变成盟友。在某些情况下，你必须自觉远离那些不断怂恿并且使你养成坏习惯的人。而情况往往是，这种距离会自然而无痛地发展下去。举个例子，那些增加锻炼的人发现自己与那些经常锻炼的人有了更多共同的兴趣，很快他们在一起的时间会越来越多；那些想要吃得更健康的人也会开始和一群不同的人相约在一起吃饭，而这些人有共同的饮食方面的兴趣。

但是别忘了你的共犯已经气急败坏地想要跟你斗气，让你的老毛病根深蒂固。在迈克尔·韦恩从监狱出来回到家中时，他决定远离犯罪、酗酒以及毒品，因此他必须与很多旧友断绝来往。他从增添新朋友开始，加入了嗜酒者互戒协会，在那里他发现了几个既扮演粉丝也扮演教练的人。他还和老朋友们见了面，和他们进行了一次转变性的谈话，很多人都乐于做迈克尔的教练和粉丝。

迈克尔最好的朋友科比曾是迈克尔婚礼的伴郎。迈克尔发现科比并不愿意成为他的好朋友，而是想成为他的酒友。最后，迈克尔终止了这段关系。正如你可能会想象的那样，远离那些曾经是你"死党"（甚至是爱人）的共犯需要复杂的价值权衡，并且会令你十分痛心。我们只会建议你，不要低估了粉丝、教练以及共犯三者在你生活中所起的作用。

你能期待什么

如果你马上停下来手里的事情，列出你所处环境的朋友和共犯，转变以及减少共犯，同时交到新朋友，最终你会戏剧般地提高成功的几率。

有多戏剧化？我们的研究结果令人鼓舞。最近在"改变一切"实验室开展的一项研究中，我们要求3 400位民众谈谈自己从戒毒到锻炼等任何一件事中所经历的成功与失败，发现成果显著。

数据表明共犯经常会把人们拖回到从前的习惯里去，这一点毫不意外。但朋友总会给你带来意想不到的影响。有很多积极好动的朋友（他们就充当了教练和粉丝的角色）的人比起拥有更少此类朋友的人成功几率会高出40%。

因此，你将自己所处的敌（主人和所谓的模范）友（教练和粉丝）兼有的世界转变为一支高效的由朋友组成的团队，这些朋友围绕你的旧习惯被紧密地组织起来。当你能够看出共犯与朋友之间的显著差别时，行动起来，把共犯变成盟友，你不再会盲目和寡不敌众。超越人群，你可以改变一切。

总结：把共犯变成盟友

敌我分明。了解哪些人在影响你的生活，分辨其中哪些是你的朋友（帮助你达成目标）和共犯（让你偏离目标或是明目张胆地破坏你为改变所做出的努力）。共犯阻碍我们的方式通常是让我们形成一种对"正常"的认知，而这种认知会使我们一直停留在坏习惯中。而朋友是训练我们制订自己的改变计划或是为我们的成功欢呼的人。而你想要更多的朋友，更少的共犯。

重新定义"正常"。看一下共犯是怎样影响你对正常的认知的。如果你继续用不健康或不现实的"模范"来衡量自己，你的改变计划将处于风险之中。问自己两个问题：你想怎样生存并感知周围环境？你想成为怎样的人？

开展一次转变性的谈话。你可以通过开展一次转变性的谈话来将熟人、爱人以及同事转变为你得力的朋友。首先向他人求助,向他们解释在自己的改变之路上他们扮演的角色,然后与他们分享你想要他们怎样帮助你成功的想法。

增添新朋友。找到那些有兴趣支持你改变或者赞成你新的行为表现的人,花时间和他们待在一起来得到训练或者树立起一种新的对"正常"的认知。这可能包括加入现有的某个小组或社会圈子,或者仅仅是退出你现在深陷其中的某些组织。

远离那些不情愿的人。在你需要身边充满朋友时,你同样需要远离那些不能支持或是不情愿支持你努力的共犯。这通常在你做出其他人生改变时发生。但你需要偶尔刻意地使自己远离这些全力阻碍你改变的人。

| 来源五 |

改变经济模式

激励的潜在影响

下面,我们将首先检视一家大型咨询公司所犯的错。由于这种特殊公司的盈利额依赖于咨询师的工作,要顾客为他们的时间买单,高级合伙人提出了一个让员工保持干劲的计划:"年度出差狂"。这个称号奖励给那些创造了最多出差日的咨询师,并且合伙人给出了实质性的现金奖励。

连续 4 年来,"年度出差狂"欣然接受了这一奖项,在领取了丰厚的现金奖励之后,从公司辞职。

到底哪里出了问题?当然是激励机制。合伙人一直以来都知道如果他们想要激励这些咨询师表现得更新颖或者多样,他们只能将这种目标表现和津贴、福利或某些高额奖金联系起来。只有现金才会吸引和保持他们的注意力。

但同时现金奖励也导致了该公司许多不必要的营业额。在这一案例中，现金奖励所激励的这一行为是不可持续的，而在另一个案例中激励的行为本身是可持续的，但行为是错误的。这和你自身有很多坏习惯是同样的道理。

举个例子，你走进一家快餐店，店员热情地递给你一张会员卡，告诉你消费越多优惠越大，比如消费 80 000 卡路里的食物，你可以得到一份免费的三明治。使用信用卡越多，年末你得到的现金折扣或是消费积分就越多，每次刷卡时你都能感受到自己快要接近自己梦想的假期。

有时是定价本身导致了错误的行为发生。举个例子，过去 30 年里不健康的食物价格大幅降低，而水果和蔬菜的价格却在大幅上涨。你猜我们会买什么更多呢？

再举个例子，肥胖者每年平均会额外花费 1 429 美元来进行健康治疗。但因为没有要求我们每消费一个汉堡就存一笔钱，所以肥胖带来的长远额外代价依旧无法可视化。

要是我们改变这一切呢？要是我们改变了经济模式会怎样呢？想象一下我们的贝宝○账户在我们一采取不健康的行动或是为任何不健康的行为买单时就需要我们支付一定费用，当然这种费用是基于这种情境的实际经济成本。假如一句无心的评价将我们向离婚推进了一步，我们会损失 1 000 美元（研究表明，离婚会减少个体净资产的 77% 左右）。

或者如果每次在年度绩效评估中我们未能满足（公司）发展需要，那么我们下一次的工资下调 5%，又会怎样（最近调研人群中 85% 的人反映

○ 贝宝，全球最大的在线支付平台。

称，他们都曾失掉了晋升或者加薪的机会，原因是他们没有充分关注老板所忧心的事情）？

通过如此令人费解的方式来改变经济模式会帮助我们有更健康的表现吗？答案是会的。康复中的可卡因吸食者一旦在每次通过毒品测试后收到一张礼物式的证明单，那么成功接受医院治疗的概率会提高23%。

提高消费税后，烟草使用量又会有怎样的变化呢？对吸烟进行征税，吸烟的数量就会下降，其相应的影响也会减小。美国癌症协会与癌症对抗组织最近声称一项联邦规定的烟草税，每1包烟的价格提高1美元，与吸烟有关的死亡者数量就会减少100万，并且阻止230万美国儿童成为终身吸烟者。

如果改变我们的经济模式，我们也有可能做出改变，我们可以用贿赂和威胁的方式来迫使自己改变。

以下是你可以使用的让来源五奏效的几种方法。

策略一：使用胡萝卜加大棒策略

思考一下激励机制怎样让我们的改变者之一如迪事业腾飞。如迪的第一份工作是在某个进出口公司做技术支持工作，他感到很幸运。他和自己的高中兄弟都没有真正为自己的未来做打算。

如迪解释道："当身边的孩子们都去上大学，学习物理、微积分等知识时，我和朋友们更乐意去艾泽拉斯㊀旅游一番，在那里我们假装成野兽

㊀ 魔兽世界游戏中的人类世界。

以统治这个群雄争霸的世界。并且我们无意改变,只想远离大学,待在父母家的地下室里,玩电脑游戏,直到大拇指抽筋才肯罢休。"

这一切在如迪得到这份电脑技术员的工作之后骤然改变,上司告诉他他可能具有所有与电脑有关的天赋,并且鼓励他从为公司处理邮件问题转向协助优化公司客户端软件的工作。软件设计无疑是一份更好的工作,但为了胜任这一工作,如迪必须修几门大学相关课程,并且这些课都是在夜晚和周末,这意味着他的游戏时间会大幅减少。

然而,如迪的上司对他说道,他有一些数学天分,并且最终可以胜任一份更加有趣且高薪的工作。所以,如迪决定去上这些课,尽管他必须面临将玩魔兽游戏的时间换成啃教科书这样的事实。

"当上司说我在和电脑打交道这方面有些天赋时,我开始对自己有了一个全新的看法。或许我可以将自己对游戏的热情投入到某种有用的事情中去。我甚至可以去上大学课程。而当上司发现我有'上学恐惧症'时,又帮助我树立起学习的习惯。他甚至让我用公司闲置的一台电脑。最后他看见我每晚去上课后,又让我每天和他团队里的高级软件工程师一起工作1个小时。后来这位工程师成了我的导师。

"但这并不够,一想到要在晚上和周末学习就令人丧气,加上所谓的好工作总是遥遥无期,因此在后来我创造了属于自己的激励机制。我定下了每天到课且完成每周的课后作业的目标。每次只要我一完成目标,便可以带我女朋友一起去我最爱的那家餐馆大吃一番。

"以上这些都帮助和鼓励我专注于自己改善工作的长期目标,但每周末和女朋友约会才真正保证了我每次到课、早起完成作业,因而在学业上取得进步,最后得到晋升。"

利用"损失厌恶"

下一个概念来自诺贝尔奖获奖理论。多年以来,丹尼尔·科曼[⊖]以及其他行为经济学家发现我们人类总有某些奇怪的癖好,也就是说比起获得同等利得,我们更有动力去规避同等的损失。

"改变一切"实验室最近在对苹果旗舰店前排队等待新一代苹果产品发行的消费者进行了一番参访后也发现了同样的道理。平均来说,这些刚刚获得苹果手机的顾客不愿意以低于购买价格的 1 218 美元转售;而那些担心轮到自己购买时手机会卖光的顾客则不愿意以高于购买价额外 97 美元的价格来获得一个新手机。

倾向于在损失而非利得上花费更多费用即著名的"损失厌恶"定理。应用到个人改变也是显而易见的。如果你让自己在意的某种东西处于风险之中,那么比起津贴、奖金和其他激励机制,前者无疑会更有可能使你做出改变。

但要怎样达到呢?在什么情况下你的关注点会在一开始就放在消极的结果上?当你思考这一问题时,损失厌恶已经开始在人类生活中发挥作用。事实上,是它让我们人类得以活到今天。可以想象一下,某位不幸的史前人比起一只咆哮的老虎更关注某棵树上挂满的沉甸甸的果实。

"哇!你看,树上挂满了可爱的果子!"

"咆哮,危机,最后老虎狼吞虎咽……"

这样做的人无法传宗接代,只有先探测危险然后寻找果实的人才会有能力活到今天,并告诉我们这一切。这也是现代人的方式,我们对于任何

⊖ 普林斯顿大学教授,2002 年诺贝尔经济学奖获得者,行为经济学创始人。

潜在的损失都更加关注。

改变代理人多年来已经利用了这一定理。其中一个有力论证的例子便是耶鲁大学行为经济学家丹·卡尔曼，他邀请了菲律宾的一群试图戒烟的吸烟者减少每天吸烟的数量，并且把那些原本会用于吸烟省下来的钱存进一个储蓄账户里。

半年过去了，1年也过去了，这群人做了尿检以判定他们是否已经停止了吸烟。那些没有通过尿检的人需要将这一账户的所有余额上交给慈善组织。比起没有使用自我经济惩罚的控制组，试验组50%的人彻底戒掉了烟。无疑，这群试验者下赌注的钱越多，则改变的可能性就越大。

你将怎样以对自己有利的方式来利用损失厌恶呢？让你在意的某样东西处于风险中，为你的成功下赌注。以下是凯勒·尼克使用损失厌恶来使自己身体变得更加健康的案例。

"我总是不能保证自己经常锻炼，因此我雇用了一名健身专家。我们每周会一次面，专家会教我怎样使用健身房的那些器械，为我提供日常的指导。毫无疑问，身边有个人和你聊天总是会让你更加有动力。"

"但你知道真正的激励机制是什么吗？"凯勒继续说道。

"我意识到我能保证每周碰面的最大原因是自己高价雇用了一位专家。花了高价却没有好好利用这一资源，一想到这一点我就十分难受。金钱损失总是把我推回到健身房。我妻子也有同样的感觉，她会叫嚣道，'今天是周一啦！你说什么？你这周不想去健身房？可是你已经交了钱啊！'"

损失厌恶的力量对于那些设计关于个人进步网站的人来说并没有消失。举个例子，"坚持到底"（stickK.com）网站开创了业内邀请参与者制定目标并支付一定数额的钱的先例，每当未达成一个目标，参与者将支付给选择他改变的围观者。就像各种利用损失厌恶的例子一样，该网站的用户会发现当他们改变了现存的经济模式，健康的行为方式将指日可待。

策略二：适度且综合使用激励机制

适度使用

记得电视节目上所展示的真人减肥节目吗？由于体型过于壮硕，这些人为了减肥受尽了苦头。你不禁会想，他们所使用的过分夸大的方法究竟是怎样起作用的？诚然，当风险足够高时，你甚至可以让人们经受住训练营般艰苦的挑战。但当他们回到家时又会发生什么呢？一旦他们回到从前的环境，巨大的激励机制将不再起作用。他们会重蹈覆辙吗？很多人会。

同样，如果一位十分著名的电影明星成了减肥的代言人，在使用广告产品时每减掉1磅就会得到一定报酬。你不禁会好奇，达到目标之后，一旦巨大的激励机制消失又会发生什么呢？她会重蹈覆辙，体重反弹吗？会的。

事实上，过度依赖外部激励一直是研究领域极具争议的话题。在20世纪70年代左右，著名学者马克·林璞在斯坦福大学附属幼儿园开展了一项著名的试验。林璞和他的团队想知道如果对一项本身就很有趣的活动提供额外的奖励，是否会让活动变得不再那么令人尽兴。

每当孩子们玩自己最喜爱的玩具时，林璞就会奖励他们零食。随着孩子们不断地接受这种因为和自己喜爱的玩具玩耍而得到的奖励，不久之后他们玩这些玩具的频率就降低了。为什么？林璞得出结论，你对小孩和自己喜爱的玩具玩耍进行了零食奖励，这会让他们不禁思考，如果每次我只要和这个玩具玩耍就能得到奖励，那玩耍本身还有什么乐趣呢？

　　了解这一观点之后，我们必须在之前你应该使用激励机制的建议中增加一条警告。不要寄希望于某种大的奖励，以为它们会更可能带来改变。大的激励往往本身并不持续，并且在它消失之后，你必须思考最初的动力来源于何处。

　　因此，要使用激励机制，但要适度使用。通常只需要小小的奖励就可以发挥神奇的作用。举个例子，你一达成减肥目标，就为自己买一件新的衬衫；只要你坚持锻炼，就可以奖励自己在下午和儿子去钓鱼。

综合使用

　　改变者瑞琪儿很好地为我们展示了怎样适度利用简单的奖励，并辅之以社会和个人动机力量。

　　以下是她的故事。瑞琪儿有着多年的酒精以及毒品使用史，她决定参加一个12步的项目。在第一次小组会议上，瑞琪儿的赞助方给了她一个塑料的筹码，解释说这个小小的筹码用来保证她时刻保持清醒。如果在接下来的6个月里她能一直保持清醒，赞助方就会发一块真的奖牌给她。瑞琪儿全心全意地努力着，她想要得到那块奖牌。这意味着在6个月辛苦努力之后她终于可以站在簇拥的人群前，领取这6个月以来保持清醒的奖牌，一块坚硬而厚重的铜牌。

　　在那之后，每当坐在房间里瑞琪儿都会瞥一眼奖牌，把它拿在手上，感受其重量，带着喜悦的心情擦拭它。这块奖牌对她来说就是整个世界，当然在过去6个月里她并没有独自一人忍受住所有的苦难，一个人单打独斗，因为她找了各种理由迫切想让自己保持清醒。然而，赢得了这块奖牌标志着她在成为自己想成为的人的路上（即个人动机）获得了成功，并且她自豪地和自己的好朋友们分享了此事，他们都为她的进步庆祝（即社会动机）。瑞琪儿的铜牌就是适度（花费很小）且综合运用个人和社会动机（这两者并非是互相蒙上阴影，而是携手并进）的生动例证。

策略三：奖励小小的成功

最后一个策略，让咱们回到之前分享过的一个概念，实现宏大而长期的目标比起将其分解为更小且短期的目标效率更低。使用临近目标的观点已经存在多年，但一直没有在实验室里得到证实，因为不论何时，研究者给一群试验对象一组短期目标，而另一组给出长期目标，长期目标这组往往都会将其在脑海里分解为几个部分，使之成为个人短期的目标，从而破坏了精心设计的试验。他们在脑子里做加减法，由此减弱了试验试应。

这一研究问题最终被阿尔伯特·班杜拉成功解决，方法是给那些还不知道怎样做减法的人长期目标，这样一来问题就迎刃而解。他选用了还在挣扎于基础算术的孩子进行试验，分给他们长期（在一个学期即 7 周的时间里完成 42 页算数题）或者短期目标（每周完成 6 页算术题）。这群分到长期目标的孩子并不会算数，因此他们无法在脑海中将这些长期目标分解为小的部分以便于激励自己完成。无疑，他们完成题目的量更少。

如今这一得到证实的策略，即使用多个小目标而不是一个宏大愿景，在运用激励机制时尤其重要。永远不要犯这样的错误：把奖励和最后的终极目标相关联（比如"我得到晋升，就买一辆车"或者"当我减下 15 磅后就给自己买一个新的衣柜")。毕竟长期的改变目标中,你面临的最大风险不是你会在终点败下阵来,而是你在一开始就会失败。

在你经常给自己小小奖励的同时,也要注意奖励的东西是合适的。奖励你的行动,而不是行为本身。结果往往都是超出控制范围的(至少目前是),因此把激励和某种你能够控制的东西相联系,即和你的关键行为相联系。奖励你的行动,而不是最后的结果。

举个例子,乔斯发现自己新的健身计划中最让他厌恶的部分不是慢跑或游泳,这两者自己都很喜欢,而让他泄气的是举重。因此,他为自己一周2天的举重设置了特殊奖励。他发现巧克力的蛋白粉奶昔味道不错(并且也征得了教练同意),因此把周二和周四定为自己的"巧克力奶昔日"。

并非坐等自己的胸瘦下来5英尺[○],或者等到他可以一下卧推250磅,乔斯奖励自己完成一天举重任务这一关键行为。在解释时他看起来一脸困惑,"我明白其实我哪天想喝蛋白粉就喝,但事实上在我完成举重任务后再奖励自己喝的这一行为会让我觉得更加有自控力,更能达到自己的目标。"

总结:改变经济模式

在我们尽全力去改善我们的生活时,很少有人会想过用激励机制来激发那些健康行为。要么是我们完全忘记了激励机制本身,要么是我们确实知道它在激励行为时所发挥的重要作用,但也仅仅是对别人,而非自己。我们认为自己已经不需要如此透明简单的工具,心里想着"我不需要激励机制,我可以自己克服这些困难",于是再一次落入意志力陷阱。

○ 1英尺 = 0.304 8米。

这种情况亟需改变，不仅是因为激励机制本身很有用，还因为现存的经济模式在支持、鼓励你的坏习惯。

作为 6 种影响力来源中的一部分，你可以在自己的改变计划中加入自己的激励机制。同时，记住以下几点：

使用胡萝卜加大棒策略。坦诚，你真的认为设定自己的激励机制或者创造损失不会给你带来任何好处吗？如果这样的话，重新考虑你的立场，用外在的奖励来增强你的意志力以应对同伴压力。

适度且综合使用激励机制。你会使用哪些划算但有意义的奖励来服务自己呢？

奖励小小的成功。你的关键行为是什么？在你控制范围之内的哪些具体行动是你应该奖励的？在你小小庆祝一番之前，你需要等待多久？在给定的时间内你能够做些什么？

| 来源六 |

掌控所处的环境

几年以前,我们的团队在"改变一切"实验室迎来了20位10岁左右,又累又饿的足球运动员,邀请他们享受一次通心粉奶酪大餐。这是我们在重演一项由布莱恩·万辛克[一]教授开展的研究,他在其引人入胜的著作《无意识进食:为什么我们吃的比想的还多》中对该研究也开展了讨论。而这场大餐根本不是所谓的通心粉奶酪,而是美味的切达奶酪[二]组合盛宴,由上好的面条烹制而成,其美味足以让每个孩子垂涎三尺。

孩子们到达实验室后,我们将他们分为了两桌,每一桌都安排在不同的房间里。在我们点头示意可以用餐后,这群饥饿的孩子立马围住桌子中间的一锅意大利面。用餐结束后,一位主侍围着这群孩子转了一圈,确保他们都吃得很开心。最后20个孩子都报告称自己吃得很饱,很满足。

尽管每个人都对这一餐感到满意,但每个孩子的待遇却有所差异。其

　㊀　康奈尔大学饮食行为专家。
　㊁　英国生产的一种干酪。

中一桌的孩子拿到的盘子尺寸为 9 英寸①大，另一桌的则为 12 英寸。在这两种情况下，这些试验对象都需要回去取更多的食物，在说自己饱了的情况下他们就会停下来，不再取食物。

我们的目标是在不考虑试验对象本身的食量大小前提下，测试盘子的大小是否会影响他们的摄入量。盘子的大小会影响食量，并且影响的程度令人惊讶。使用大盘子的孩子吃的意大利面多于使用小盘子的孩子 70%。令人惊讶的是，他们并不知道自己比后者吃得更多，也没有关注到盘子大小的差异。

这些年轻的足球运动员并不是唯一被大盘子欺骗的人。看一看你家里的橱柜，你极有可能会发现家里的盘子和奶奶家里的果盘一般大。过去几代时间里，商店里的盘子尺寸在不知不觉地变大。

这看起来并没有什么大问题，但康奈尔大学的饮食专家布莱恩·万辛克曾经的一项研究表明，人们会吃掉自己盘子里 92% 的食物，不管这盘子有多大。12 英寸的盘子里的食物热量比 9 英寸的盘子里的食物热量多 33%。难怪随着人口的增加，我们的身材也在不断变胖。是我们的盘子在从中作祟！

当然，这一章节其实和盘子没有关系。换句话说，这关乎整个现实世界，以及它怎样以我们不易察觉的方式影响着我们的行为。而盘子只是现实世界影响行为的众多例子中的一个。饭桌的存在与家庭互动的频率有关，你锻炼的时长会直接与电视以及锻炼器材有关……这下你能明白了吧。生活中的事情总是悄无声息地影响着我们的选择，并且我们对坏习惯很难免疫。

---

① 1 英寸 = 0.025 4 米。

举个例子，凯蒂·宾利曾经努力在她所在的领域保持前列，为了确保自己不跌入职业低谷，她用大头钉在经常看书的椅子旁边订了很多职业周刊。不幸的是，她的房子不是为阅读而打造的，而是为观影而设计的。她起居室正中那块55英寸的平板屏幕像一座祭坛，她的数字硬盘录像机记录了各种场合或各种心情的美味食物。环绕立体声的扬声器让她觉得自己仿佛置身于真实的活动中，让人觉得生活在电影院里。

因此，每晚凯蒂在6:30下班回到家时，她曾经精心装修的卧室总会背叛她原本读周刊的打算。这一切好像是凯蒂自己曾经有意策划的，而实际上，凯蒂从未想过自己当初装修房子的方式正在一点点损害她的事业。

似乎大部分美国人都没有考虑过自己房子设计的方式会影响家人的行为。如今消费者们买某些华而不实的新设备是因为他们有能力买，而并非为了实现家庭的共同目标。猜测一下以下的结果会是什么：给你家接通4种不同的游戏频道，给4个频道装上各种好玩的游戏，让大家都喜欢它；再添置一座家庭影院，配上舒适的沙发。如此一来，你就打造出了引起孩子肥胖的所有关键要素。

那事件对问题的影响，比如滥用毒品又是怎样的呢？改变者韦斯·马蒂就严重低估了他所处的环境对他可卡因上瘾所起的作用。这位来自圣地亚哥的温文尔雅的会计师在戒毒上很有动力，但他也同时拥有一个脸书账户和一部苹果手机，这两者都在与他作对。

在5次令人失望的重蹈覆辙之后，韦斯开始意识到这些电子产品并不适合自己（它们都是他的共犯）。他极有可能被人说服，随后又收到一条来自某个宿敌的诱人的短信，邀请他去享用毒品；或者他可能在脸书上收到一则某个不能错过的聚会的邀请。

这些诱人的电子产品总是让韦斯无法抵抗，科技让诱惑更加可触且频率高到超出他意志能够控制的范围。他所处的现实环境总是潜伏在其附近，等待他树立个人动机的任何时候，因此他的失败总是不可避免的。韦斯不断挣扎，直到最后他实现了一次数字改革。

你生活在同样有力的现实环境中。生活中的每一天你都要面对那些时刻在你周围的反对者，它们不眠不休，从不屈服，悄无声息以至于你不再察觉到它们的存在，这就是事件的力量。因此，如果你希望控制自己的生活，首先你必须控制自己所处的空间。

好消息是当你着手行动时，你也会收获同样不眠不休始终支持你改变的盟友。你的任务就是发现那些自己所处环境促成你旧习的微妙的方式是什么，并且重新设计以支持你新的习惯。当你成功把你所处环境中的共犯变成盟友后，不可避免地，你可以真正成功实现那些有时感觉不可能的改变。

策略一：修建栅栏

根据历史学家的观点，你需要栅栏才能驯服狂野的西部。在谈到属于你个人的充满各种诱惑和危险后果的野性世界时，你同样需要修建一些栅栏。当然，这里的栅栏并不是指铁丝网修成的障碍物，它们指的是那些你在自己生活中设置的界限。它们没有商量的余地，其决定性的行动可以帮助你远离有害的道路。这些个人的栅栏使得你更加容易对抗某些威胁。

举个例子，当迈克尔·范开始严肃对待保持清醒这件事时，他在自己所处环境中对最危险、最具有诱惑力的地方设置了栅栏。

"我给自己下班回家的路线定下了一条规则。"迈克尔解释道,"绝不经过最爱去的酒吧'汤尼的小店',我知道自己一旦经过了那里,极有可能会看见朋友的车停在停车场,此时我就会被诱惑着停下。所以我绝不经过这家酒吧。"

事实上,迈克尔对所有的酒吧都设置了一道栅栏。

"除了去喝酒,我还会去酒吧干什么呢?"他继续说道,"我没必要去酒吧。"

除此之外,他还在自己家附近设置了一道栅栏。"我不再往家里放任何酒精饮料,我没必要让它再支配我。"

通过设置栅栏隔离那些不好的事情,这些没有商量余地的规则使得他所处的环境更加安全,迈克尔使用栅栏创造了一个他可以控制的环境。

思考一下以下有关财务健康的例子,当简·沃伦需要控制自己的债务时(曾经其债务的利息和她的租金齐平),她设置了几道保护自己免于无节制消费的栅栏。首先她剪断了所有的信用卡,这一决定性行为使得她暂时远离信用卡债务。她还取消了所有去购物中心的计划,除非自己有一份明确的购物清单。她的购物清单使得她可以计划自己的开销,并阻止了任何冲动消费。

凯蒂·宾利,一位想要阅读与工作有关的期刊的女士(设定房屋装修风格是为了观影),同样使用了一道栅栏来帮助她改变每晚的阅读习惯。她将所有电子产品搬到了公寓里的另一个空房间,这样一来,改变之路上诱惑就减少了。因此她可以拿起一本职业期刊,研究她的职业生涯,而不是"扑通"一声坐到椅子上开始休闲放松。她晚上依旧会享受一段短暂的电视时光,但是需要她跳出栅栏以外去获得电视以及视频刻录机,这使得这一活动本身变成一种有意识的而不是默认的行为。

栅栏本身会十分有用。但如果你为一个没有栅栏的世界做好准备，栅栏本身也会带来一些意想不到的问题。如果你只能在栅栏帮助你排除那些错误时才会取得成功，那么在栅栏倒下时你可能就没那么走运了。

问题在此：因为栅栏如此有用，所以我们时常依赖于它，当作唯一的解决办法。我们把罪犯隔离在酒吧之后，把瘾君子送进疗养院，某些过度饮食患者的嘴巴甚至被封了起来。只要这些栅栏还存在，它们就会发挥很好的作用。但很多罪犯、瘾君子以及过度饮食患者最终会跨过栅栏。那些老问题还是会复发，如果那些曾经需要栅栏的人没有一开始就做出改变的话，则会立马被其旧习所俘获。

两种经验法则可以使栅栏起作用。

确保你设置了栅栏，并且有能力保护栅栏。设置栅栏以抵御诱惑的决定必须是由你做出的，而不能是你的朋友、同事、爱人或者家人的选择，不管他们的初衷有多么好。迈克尔·范说过早些时候他的朋友和家人曾试图让他远离酒吧。不幸的是，因为这不是他的决定，所以他将此视作一种干预。这道栅栏变成了一项挑战而不是工具。他花了很多时间来找寻其方法，而不是从其保护中收益。通过问自己你真正需要什么来设置属于自己的栅栏，最后建立障碍物来帮助你得到你想要的东西。

不要用栅栏来代替6个影响力来源。很多人在栅栏上找到慰藉，最后他们仅仅依赖于栅栏的作用。举个例子，疗养院的设施可以在几周或几个月内防止你做出不正确的选择，但最终你依旧需要掌控那些疗养院之外的诱惑。补充栅栏，使用无栅栏疗养院来养成延迟满足以及其他保持清醒的策略，但在之后你需要增加其余 6 种影响力策略，在现实世界中给你提供帮助。否则，当栅栏倒下时，你要为失败做好心理准备。

策略二：管理距离

里卡多·纽曼不得不改变自己的日程以挽救婚姻。他和妻子海伦每天的作息时间完全相反。在早上 5 点妻子就会去上班，下午 3 点下班，而这时正好他准备出门去上班。他们想知道为什么他们会分开，尽管对方付出了很多发自内心的努力来重燃彼此心中的希望之火。

里卡多最终在一次新的工作机会出现时换了一份工作，这份工作作息与妻子的完全契合。他很快意识到自己所有为改善关系所做出的努力比起简单地创造彼此共处的机会，瞬间变得黯然失色。他发现自己在改善亲密关系前必须增进两人之间的亲近感，距离会影响行为。

当谈到距离时，不仅仅是关乎爱。举个例子，改变者利兹·保罗的办公桌距离她和同事称之为"谷地"的一个大型金属罐只有 14 英尺远，这个罐子里总是装满了糖果。利兹和同事沉迷于每天来这里获取糖果，"谷地"静静地立在那里。

有一天利兹开始意识到现实世界是怎样影响着她，并且决定掌控自己所处的环境。她并没有立起一道栅栏，定下不准从"谷地"里获取糖果的标准（这一标准对她来说可能会很难实行），而是采取了一种不同的方法。她主动请求换到离"谷地"50 英尺远的一张空的办公桌。1 周后，她的请求得到应允，与此同时她甩掉了自己吃糖果的癖好。通过更换工作地，利兹信奉以下这句格言：

让有益的事情近在身旁，方便易得；

让有害的事情远在天边，难以实现。

好吧，可能这个句子并不算真正意义上的格言，但在影响力来源六中它应该就是了。如果你能与诱惑保持距离，就这样做吧。你可以看到诱惑的真面目，并且努力克服它，要么是再一次跌进意志力陷阱，要么以对自己有利的方式运用距离策略，务必选择距离策略。

但50英尺真的远到足够让利兹做出改变吗？心理学家研究了物理距离对我们选择的影响，他们最有理由在这一点上说"按某方向或是其他方向远离诱惑仅几英尺对个人行为会有巨大影响"。举个例子，如果你在餐馆吃饭吃到一半时，面前还放着没吃完的剩余食物，此时如果你和朋友聊天，那么最后盘中剩下的食物会一粒不剩。而如果把只剩一半食物的盘子放在6英尺远的桌子的另一角，最后盘子还是会剩下一半食物。

以下是在餐馆之外，距离策略可以在人的生活中发挥的一些奇异作用。首先，它对于预测爱情和友谊十分有用；其次，它能够预测某些科学关联；最后，还能解释人的休闲娱乐活动。

事实证明，人的行为受到距离的影响程度超出任何人的想象。以下是你可以利用距离来服务自己的一些做法。

如果你想多锻炼，把锻炼器材放在卧室或起居室会更加便利，而不是放在地下室或是距家很远的健身房。

如果你想戒烟或是减少吸烟，就把香烟盒放在一个离你较远房间的很高的柜子上，或者直接扔掉它。

如果你想减少开支，移出你浏览器上所有购物网页标签。仅需一点点网络距离，你就可以改变自己的开支习惯。你能够掌握这个办法：把空间从最后的边界变成自己改变阵营里的同盟。

策略三：改变提示

不管你是否愿意，你所处环境都会极大地影响你的注意力。标志、颜色、形状以及声音，任何可能吸引你注意的东西都会影响你的观点、情绪以及选择。还记得"逃离意志力陷阱"这一部分中在"改变一切"实验室里参与消费研究的那群孩子吗？当我们的试验对象进入一间徒有四壁的实验室时，第一回合他们平均存下了 6.22 美元；但在加入了一些其他方面的小改变后，他们面临 4 张花花绿绿的关于美味零食的海报，此时他们的积蓄陡然下降到平均 3.23 美元。这群孩子几乎不记得那些海报，但这些微妙的提示似乎影响了他们。

可视的提示以及其他各种提示会帮助你在心理上形成预设。它们会告诉你思考什么，担忧什么以及想要什么。事实上，来自宾夕法尼亚大学沃顿商学院的斯蒂芬·霍克教授发现，可视的提示如此有影响力的原因之一，是他们将"欲望"变为"需求"。当你看见某件你原本并没有考虑过的东西时，你会被马上提醒"我没有这个东西"，这就造成了一种不满足感。

你可以这样思考，在你看见某部新手机的各种外形特点之前时，你会十分满足于自己现有的这部手机。但一旦看过了所有关于最近这部手机的广告，你的手机会立马变得过时且老土。你想，哦，不，我需要紧跟潮流并且不那么老土。没错，你并不仅仅是想要那部手机，而是你需要它。

是时候改变这一类引导你的渴望与需求的提示了。通过在关键时刻给自己设置警钟，掌控那些吸引你注意力的东西，同时每次在自己可能忘记的时候使用提示提醒自己不要忘记当初的决心。

最佳的提示会帮助你摆脱自动驾驶仪㊀，提醒你当初做出的承诺以及想要实现的结果。不仅如此，它们还会为你的下一步提出建议。举个例子，简·维尔曾经一直在努力还债，她使用了一款手机软件，该软件会定期提醒她输入自己的开支数额，然后软件会统计各项花销的排名，告诉她是否超出本周以及本月的预算。仅仅是这一提示以及其所发挥的推动力便使得简更加关心自己的选择，几乎在一夜之间改变了自己的行为。

玛丽亚·奥莱给自己设定了一条提示：通过简单地在汽车仪表盘上放上她所谓的"起飞前检查表"来练习关键行为，希望最终能改变与生活伴侣之间的关系。在一天紧张的工作之后，这张卡片会提醒她停下，深呼吸4次，回忆对方身上一个自己欣赏的地方，然后面带微笑走进家门。像飞行员一般，她发现如果"起飞"前自己能够完整过一遍所有的事项，当晚的事情就会比较顺利。

工作中的提示在使你保持正轨方面也发挥着重要的作用。举个例子，参加领导力课程训练的某些人一般会张贴一些关于总结自己刚刚学习到的技能海报，提醒自己遇到新的挑战时记得使用这些技能，而不是再次跌回到曾经的旧习惯中去。

当用一个直接报告来陈述某个问题时（这是他们曾经一贯的做法，并且这给他们带来了无穷无尽的麻烦），为了引导他们不再为此事动气，一群与我们共事的领导会在工作的地方放上一面镜子。当听说某个问题亟需解决，他们会站起身走向自己小隔间的门，但在自己走出隔间之前他们会照

㊀ 指一味依赖外界，自己不做出努力。

镜子，确保自己在接下来的谈话中不会动怒，或者至少看起来没有生气。如果某个人情绪过激，他就看向镜中的自己，做一次深呼吸，然后练习之前自己学到的愤怒情绪管理技巧。

另一群与我们共事过的人会在某些让人觉得有压力的地方设置一些橘色的圆圈（某些会议室、方向盘，等等），这些橘色的小圈会提醒这些人，让他们使用最近一次研讨会议中学会的减压策略。

劳拉·埃尔瓦设置了一条有趣的物理提示来提防自己对朋友和家人过于苛刻，从而和他人建立和谐关系。当她发现自己说了某些伤人的话时，她会张开和合上自己的右手3次；当自己对他人表示了赞扬时，她会张开和合上自己的左手3次。练习1周之后，她发现自己更加注意对他人的评价，并且在改变自己的措辞以及与他人的关系上有了好转。

某些好的提示就像计分卡，你可以把它放在显著的位置，在第一时刻督促你保持进步。当然，如今很多提示都以手机软件的形式出现。但斯科特·哈瑞发现，每天简单地在过时的日历墙上贴上练习关键行为的检查事项单，就足以督促自己时刻牢记提示。

另一点关于需要记住的提示，那就是很多提示本身也有半衰期。随着时间推移，它们会逐渐变成你所处环境中越来越不可见的一部分，这时它们将不起作用。解决办法是对环境进行定期"审计"。回顾自己的房子、车子、邻居以及你的工作地点，然后寻找可以让提示发挥作用的地方，这样它们才能让你保持正轨。设置某些东西提醒自己，不要过于明显到会令你尴尬，但也要足够抓住你的注意力。在你重复以上过程时，你会发现自己的关键时刻正在随时间改变。设置新的提示是掌控自己所处空间的有效方法。

策略四：专注于你的"自动驾驶仪"

事实证明，你确实可以将适度的懒惰变成自己改变"军火库[1]"中的一道工具。几十年以来，社会科学家发现人类有一种"默认偏见"。这是"我们人类不愿破坏已经安排好的事情"的一种温和的说法。一旦你对生活中的某个方面感到满意，比方说你上班的路线，你便不会轻易做出改变。一旦你选择了某条似乎可行的路径，你就会一直保持几十年，即使某种更好的方法已经出现。你会将脑容量节省下来应对更艰难的挑战。比如说人生的意义或者弄清楚在你前面排队的这个人是不是有 10 个或更少的项目要办理，而实际情况是他有 12 个。

举个例子，经济学教授安娜·布雷曼曾经询问某大型慈善组织的捐赠者是否愿意捐赠更多给他们认为有价值的项目。每个人都愿意，但极少有人同意立马捐赠。因此，她给了这些人一个选择：每月初在原基础上多捐赠一小部分，一旦人们同意了这个默认条件，剩下的就顺其自然。最后结果是随着时间推移，他们的捐赠增加了 32% 之多！

应该怎样利用这种倾向呢？那就是在你的生活中设置积极的默认状态。你可以放任事情自由发展，然后依靠这种趋势推动你系统地做出更好的选择。举个例子，斯蒂芬和蒂娜·加比发现他们总是被分开，所以他们设置了一种"自动驾驶仪"来拉回两人。他们买当地影院的月票，把未来 6 个月的约会时间都在日历上划出来。这种默认的条件使得他们能够约会，如果要取消则要花上很大的精力。这对情侣做出了各种努力，最后终于两人能够一起看完 6 场表演。你也可以通过使用预定约会时间、自动取消、

---

[1] 指改变所使用的所有工具。

长期订阅等方式设置自己的"自动驾驶仪"。

策略五：运用工具

你想参加一个非常成功的健身俱乐部吗？它基本上是由一群不怎么胖（只有 4% 的肥胖率）的人组成的，并且他们每天吃很多肉、土豆、肉汤、鸡蛋、蔬菜、面包、馅饼以及蛋糕，这些食物都含有大量油脂以及精制糖。这群人的秘诀是什么？好吧，一周中总有一天他们会慢慢步行超过 1 万步，其余 6 天内他们会做大量锻炼。以上就是这个问题的答案。这些人是怎样让自己做到这些的呢？

我们有提及这群人同样拒绝现代发明吗？比如汽车、搅拌机、手机，等等。现在你可能觉得我们提到的这群人是阿米什人。

举个例子，一般需要好几个精巧的工具才能使我们在一天中保持静止㊀，而我们之中很多人有机会使用任何一个工具。我们花了 1 个多世纪的时间进行烹饪分析，生产出那些令人发指的不健康食物，而这些食物每几秒钟内就会送进某个孩子嘴里，现实中有很多这样的情况。电视总是"策略性"地放在卧室里，这使得个体之间的谈话变得罕见稀有。根据尼尔森公司㊁最近的一项研究，美国人平均每天花费 7 个小时在使用某种媒体工具，其中电视就占到 4 个小时，儿童到 18 岁为止平均每年会观看 20 000 条广告、200 000 次暴力行为。整个社会没有变成人人都是 350 磅、破产以及都要和杀人犯结婚，已经是个奇迹了。

㊀ 指坚持某个习惯。
㊁ 荷兰 VNU 集团下属公司，为领导全球的市场研究公司。

但如果我们使用那些类似的工具并且合理利用它们呢？这正是我们研究过的很多改变者的方式。举个例子，在几次体重下降之后，他们利用了电子产品来展现自己当前的卡路里燃烧率以及每天的步数和热量值。

"这真是令人惊讶。"改变者之一罗德·马歇尔说，"我可以看到自己运动对卡路里燃烧带来的实时影响，并且还能看到我在跑步机上的运动增加了卡路里燃烧率，这对我来说是一个巨大的动力。"

合理利用工具的机会只会在某个新发明出现时增加。举个例子，互联网能够为我们提供社交网络，其不仅会激励并促成你的改变，还会为你提供很多可以追踪以及展示你努力的工具。随着软件的更新，你就可以在自己消费时按条目追踪自己的预算。植入你电脑中的追踪设备会提醒你做任何事情，从"每个小时要走动 5 分钟"到"和你的老板进行一次关键谈话"。

或者你可以使用老办法。举个例子，如果你想增进家庭的凝聚力，那么就改变你使用微波炉的方式。这种革命性的工具确实很省事，但它也会将一个四口之家分离为 4 个独立的个体。每个人都单独准备自己的简餐，然后在电视机或游戏机前面自顾自地吃起来。但要是全家都坐在一张餐桌前吃东西……

说到家具，里卡多·尼克称一只悬挂在门廊上的秋千帮助他挽回了婚姻。他和妻子海伦在各自工作时间变得一致时，他们的婚姻关系还是陷入了一场危机。他们有时间待在一起，却养成了一下班就扑到电视机前面的习惯（他在书房看，妻子在客厅看），然后就各自忙某种事情。他们不习惯待在一起。

一坐上秋千，里卡多和海伦保证会待 15 分钟，聊聊一天的事情，表达他们对彼此的关心。为了提示这个约定，他们买来秋千，把它设计为每天夜聊的地方，于是秋千充当着提醒他们彼此约定的提示。并且它还是一个令人着迷又舒适的地方，这使得他们的谈话压力更小。最后，秋千发挥了意想不到的积极作用。不知不觉，俩人并排坐在这个小小的空间里，竟然生出了很多温暖的情绪，这安抚了他们的情绪，更加理解彼此。空间距离更近，情感距离也就更近。

总结：掌控你所处的空间

在我们研究了改变者怎样成功克服过去的阻力之后，发现所有人都使用事件这一要素来养成新习惯。你也应该利用同样的资源。

修建栅栏。为了让你一直保持健康的行为方式，你应该设置怎样的规则呢？什么样的决定性行为，会帮助你远离不健康的行为方式呢？记住，不要将栅栏作为改变的唯一来源，也不要任何人帮助你设置。设置自己的规则，并综合使用其余 5 种影响力来源。

管理距离。为了让有益的事情近在咫尺，方便易得，而有害的事情远在天边，难以施行，你打算怎么做呢？你有考虑过将有诱惑力的事情移到远离你工作和休息的地方吗？不需要有几公里甚至几个街区，有时候往某个方向几英尺远就可以实现。

改变提示。那些你设置了提示的地方能够帮助你一直保持在正轨上吗？思考一下你面临的关键时刻，如果他们在某个可预见的地方来临，你可以设置提醒，让你自己忠于计划。如果他们在某个可以预见的时刻来临，你可以让他们出现在你的电脑或者手机屏幕上，仅仅在关键时刻之前，为你提醒时间。

专注于你的"自动驾驶仪"。在阻力较小的路径上，是否还有任何你可以做出的能够实现积极改变的承诺？生活中你越把某些正确的选择视作默认，改变就越容易发生。

运用工具。说到电脑和手机，你会怎样将这些电子设备和其他工具转换为对你的改变有益的同盟？你的电视以及电脑等这些东西正在怎样阻碍你在改变之路上进步呢？你可以通过怎样的方式将这位无声的共犯转换为一种真正利于改变的工具呢？我们在谈到使用工具帮助你改变这一话题时，不要忘记使用铅笔（电子的或者其他的）。在你阅读的时候，关注那些你遇到的有关"个体可以怎样尝试某个原则或策略，进而看看它会有什么样的作用"的观点。举个例子，以下哪个策略是你在控制空间时使用起来最简单的：栅栏、距离、提示以及工具？写下来，然后在你尝试的时候再次记录下来。书写这一简单行为会极大地改变行动的可能性。

| 第三部分 |

如何做到关键改变

接下来的内容是我们目前为止提到过的所有例子的具体内容。它们并不是按单独的"职业""财富""上瘾"或者其他自救的条目来展开的，而是关于怎样将个人成功之道运用到日常问题中的一些生动活泼的例子。我们会首先辨别出那些研究中所展现的关键行为，通常这样会帮助个体解决他们自身面临的挑战（尽管每个人情况不同）。然后追踪部分改变者，研究他们是怎样运用我们之前分享的关于"事业低谷""毒瘾加重""关系陷入危机"等各个方面的意见与策略的。

我们的目标并非是为你提供一张行为清单，而是为你展示其他人是如何运用这些意见以服务于自己的。正如我们之前所解释的那样，你需要依据自己的关键时刻以及6个影响力来源为自己量身打造关键行动。当涉及你的个人改变计划时，你依旧需要同时成为一名"专家"和"试验对象"。不管怎样，通过一些真人真事，我们希望为你提供额外的视角来帮助你看待可以怎样使用个人成功的新科学以服务于自己这一问题。

| 职　业 |

怎样在工作中脱困

让我们以一则令人惊异的研究结果作为开端。这项研究由"改变一切"实验室发起。结果显示，在我们所调查的人群中，高达87%的人表示他们曾经的老板考虑到可计费时间的因素，取消了给他们加薪、晋升或者其他任何他们想要的机会。

在这群人中，接近一半的人声称，他们认为自己在公司中的表现处于前10%，因此不难理解为什么超过2/3的人对老板给出的自己可计费时间的消极评价感到惊讶。他们相信自己，也相信自己的成绩，但他们的老板对此却没有这么乐观。

如果你的老板不认为你的可计费时间处于顶尖，真相就是你的可计费时间仅仅是报表上的数据，而没有带来实际的收益或成果，而你老板对你的不重视仅仅会使你觉得烦恼。但要是出于上述原因，你的老板没有给你加薪，而是给一些他精心挑选的员工加薪2%，你自己的损失就大了。如果你已经30岁，年薪60 000美元，这笔2%的加薪给你职业带来的损失是将你的年薪降为 59 780 美元。并且（但愿不会如此），你失去了一次应有的晋升机会，给你带来的损失也会超过 250 000 美元。

除了经济上的打击之外，那些认为自己是优秀员工的人会觉得自己被低估了，没有得到足够的回报，他的士气和工作表现此时又会如何呢？根据社会学家丹尼尔·杨克洛维奇的观点，"自发努力"才是真正遭受打击的对象。也就是说，员工此刻正在贡献的精力、创造力与渴望能够提供给公司的之间有着令人惊讶的差距。超过 2/3 的员工表示他们比起目前贡献的努力还有更多的"自发努力"。在"改变一切"实验室里开展的一项研究中，谈到工作中有多努力时，我们调查的超过一半的员工认为他们只做到了不至于被解雇的程度。

那么，人们到底应该做什么呢？你认为自己做得很好，但你的老板却并不那样认为；或者你认为自己的表现处于前 5%，但你的老板认为你只是处于前 30%。无论哪种方式，这种欣赏之间的鸿沟都会体现在你的工资上。这会给你的士气造成很大的影响，你和公司都会因此受苦。要怎样做才能让他人按你思考的方式思考，扭转你的职业生涯并使之处于正轨之上？

为了搞清楚该怎样扭转你的职业生涯，我们将走进下一位改变者的故事。梅勒尼·罗德像很多辛勤工作的人一样，她一直明白怎样进步。她在餐厅当服务生，来支持自己上大学；晚上去书店工作，帮忙看店来赚钱攻读工商管理（MBA）学位。如今，她已经工作 6 年，却陷于困境。她只知道自己刚刚错过了一项关键任务的任命，这种事情已经是第二次发生了。

梅勒尼明白自己是团队中最聪明且高产的员工之一，她一直在不知疲倦地努力，让自己忙得团团转。事实上，如果她还不能回到正轨上，她就会有被解雇的风险。她需要做些什么来使工作回归正轨呢？

为了回答这个事先抛出的问题，我们先看看关于顶尖员工一般的行为方式研究。他们有的人获得年度奖金、体面的任务以及晋升。他们的行为方式与别人有什么不同吗？

是什么把最好的和其余的分开

在过去几十年间，我们研究了超过50个公司中最有影响力又令人尊敬的员工，他们来自于不同的领域。我们深入组织内部，询问了上千个员工（包括老板），让他们给出心目中在观点、工作以及能力方面自己最欣赏的3个人的名字。我们想找到这些人，并且最终我们确实找到了。

当我们仔细观察这些得到高度重视的员工时，很快就发现他们并不是因为人气而被选出，而是因为个人的生产力获得青睐。他们并不是政治家，而是有价值的资源。

随后我们将谈到实际的工作。我们需要揭开这些高产的员工是怎样让自己得到了来自同龄人以及上司足够的重视的。以下是我们的发现：公司虽然参差不齐，有政府机构、互联网创业公司以及非营利慈善机构，但是顶尖员工都贯彻了以下3类关键行为。

1.**了解你的工作**。好吧，我们承认这样的话是有些模棱两可。因此，让我们澄清一下这里的"工作"是什么意思。顶尖的员工会努力在技术性层次确保自己能胜任工作。如果他们的工作是筛选木材，那么晚上他们梦中都会思考筛选策略；如果他们的工作是市场营销，他们就必然会如饥似渴地学习各种可得的市场营销策略。你现在应该明白，他们在打磨自己技艺方面下了很大的功夫。

2. 专注于正确的事情。 除了将技术练得炉火纯青，顶尖员工总是会对组织利益攸关的任务做出贡献，这一点十分重要。并非所有的贡献都同样重要。得到重视的员工会协助公司处理斯坦福大学杰弗里·普费福[○]教授所谓的"关键不确定性"的问题。如果一个公司在生产产品环节出现问题，顶尖员工会找出办法来帮助公司解决这一问题；如果公司正陷入法律问题，顶尖员工会运用自己的专业知识来解决这一问题；如果所有人都没有想出营销某种产品的方案，顶尖员工又会钻进这一问题中去解决它。

那这些员工是如何得到这些关键任务的任命的呢？首先，他们先天就对公司的运行状态感兴趣（重点在于公司的关键挑战）。他们研究自己所在的公司，接着（这才是体现他们天才的地方）武装自己，确保自己做到最好，对公司运营的关键要素贡献最大。顶尖员工总是致力于提升自己的技能，使自己有机会处理关键任务。

3. 积累得力助手的名声。 做好本职工作，确保自己在处理公司最重要的任务时，贡献一份自己的力量还远远不够。这只是必要条件而已，还不能满足于此。那些在同事间脱颖而出的员工在公司的闲聊中也逐渐被队友们熟知，有时甚至整个组织都知道他们。他们并非像普通人那样通过姓名而被人认出来，更重要的是，人们将他们描述为时间充裕的专家。

花时间去帮助自己的同事会使得这些顶尖员工处于社交网络重要的节点处。记住，这并非是你看到的那类典型的社交网络，顶尖的员工不会通过简单的制作、分发精美的名片来认识他人。他们主要的动机并不是自我服务，他们之所以被广泛熟知并受到他人尊敬，原因并不在于频繁的接触、个人的魅力或者偶然性，而是因为他们总是帮助他人解决问题。

○ 斯坦福大学教授，研究领域为组织行为学。

寻找你的关键行为

既然你现在已经大体明白了做一名被人欣赏的员工需要做些什么，那么你需要根据具体情况调整这3个基本的重要行为。举个例子，你工作的哪个方面需要做出调整？你知道你工作内容的描述是什么吗？这些文件是否包含了某些更加微妙但必要的要素，足以区分顶尖员工和表现平庸的一般员工呢？随后，你所在公司的"关键不确定性"又是什么呢？你将怎样去发现它们？最后，你需要让谁认识你并且认为你"乐于助人"？

为了回答这些问题，让咱们回到梅勒尼的例子上，她是一位感到职业生涯受阻的会计。尽管她很聪明，并且精力旺盛，但依旧有在下一轮裁员中被解雇的风险。

梅勒尼首先用职场中的3种关键行为来衡量自己。她问自己：我了解自己的工作吗？我所专注的是不是正确的事情？别人觉得我乐于助人吗？但她并没有仅仅问自己这些问题，她还和自己的上司坐下来，也向他提出了这3个问题。起初她的上司有些敷衍过关的意思，但当后来他感受到了梅勒尼的真诚，便打开了话匣子，以下就是他所说的。

"梅勒尼，在我们公司你确实是一位优秀的会计，你的可计费时间也刚好达到了我们想要的水平。但你自己有些'剑走偏锋'，自愿参加了很多人力资源部门的项目，这减少了你可以为公司创造可计费时间的宝贵时间。"

梅勒尼一直以来将精力用错了地方。她把太多时间花费在那些自己感兴趣的事情上，而不是对组织重要的事情上。在可以为公司创造可计费时间的时候，她严重落后，其余所做的任何贡献都不足以弥补。在她自愿申请做主账时，这一职位要求她更加严肃地对待时间，因此她被毫不留情地拒绝了。

梅勒尼邀请拒绝她做主账的经理塔拉一起吃午餐，并且学到了两点重要的信息。第一，塔拉不想要任何一个在其他主账职位上"劣迹斑斑"的人进入她的团队。她告诉梅勒尼，如果想要进入她的团队，就必须搞定一个十分苛刻的客户来证明自己。

第二，塔拉查看了梅勒尼在人力资源部的任务，她断定梅勒尼并没有在晚上熬夜学习现有的新版税法，并且事实证明她是对的。梅勒尼每天工作很长时间，周末也是如此，但都是在努力完成人力资源部门的项目。她虽然保证了本职工作的时间，却没有将额外的时间用来学习税法，因此现在她已经落后了。她并没有搞清楚自己的本职工作。

梅勒尼有些泄气，但至少她现在知道在 3 个关键行为上自己处于哪个位置：

- 她对自己的本职工作不再像从前一样了如指掌，她需要在税法上学习技巧。
- 她没有把精力花在正确的事情上，她需要增加为公司创造可计费时间的时间。
- 大家之所以没有认为她在困难的任务上是乐于助人的，原因在于她从未做过主账，她需要通过搞定一名苛刻的客户来证明自己。

运用 6 个影响力来源策略

那么，现在梅勒尼需要如何将关键行为转换为关键习惯呢？掌握税法意味着她需要每周2次参加公司赞助的研讨会，还意味着每天晚上她需要花费1个小时完成复杂的课后作业。想要更多地为公司创造可计费时间就意味着放弃更多的个人时间，并且几乎每周都要出差。如果她真正按计划工作，就算客户十分苛刻，他们还是会找上门来寻求服务。

正如我们目前所知，梅勒尼如果没有动力与实力，她不可能将这些行为变成习惯。因此她首先大致审视了自己的动机，她的第一个问题是："这一切值得吗？"她心里的声音立马回答道："当然！"她已经在大学教育以及硕士学位上花费了巨大心血，一旦自己的工作回归正轨，则意味着她的薪资将在未来5年翻倍，落后在她自己眼里意味着丢脸。

一旦有了这一想法，梅勒尼就十分清楚于目前自己在改变自己的行为上所面临的障碍。她会针对额外的学习和出差做出一些调整，她知道仅仅依靠动力来保持现有的状态以及实现目标是不够的。因此，她制定了6种影响力来源策略以改变自己的行为，该策略分别囊括了各自对应的影响力来源。

来源一：爱上你所厌恶的东西

对于梅勒尼动力的真正挑战从她必须将电视移开放进衣柜里，转卖掉自己的棒球季票以在下班后待在家里学习税法开始。这些诱人、令人分心的东西构成了她的关键时刻，而当她快要将计划像废纸一样扔出窗外时也算是她的关键时刻。在梅勒尼最脆弱的时候，她的确需要专注于自己的长期目标，而不是短暂的快乐。她需要寻找一种方式让那遥远而朦胧的未来变得更加突出、可靠以及引人注目。

为了开始执行计划，梅勒尼描述了一则生动的故事。她审视了自己职业生涯中的每一个环节，思考它们对她会有什么样的意义。这让她有所感触，她几年前曾经拍了一张公司在某个十分漂亮的度假村开年会的照片，那时候她就决定未来一定要买一套这样的房子。因此她将这张照片放在自己的电脑旁边，每当自己熬夜学习时，就能时刻提醒自己如果可以坚持不懈，总有一天自己会如愿以偿。

梅勒尼并非一味地逼迫自己学习不喜欢的东西，她制定了可以让自己偶尔松懈的规则，但也得是在背诵完自己设置在手机屏幕上的个人动机陈述后才行。注意一下梅勒尼使用的"具有价值感的语句"："我想要成为一个聪明而又对公司有功劳的人；我要增加自己的收入，这样才能买一栋房子；我想拥有别人的尊敬与欣赏，让他们认为我是公司里最聪慧的人之一。"

在缓慢默读了这些个人陈述之后，梅勒尼感到自己更加有动力去为了更好的未来而在当下努力。使用了这项策略之后，她很少松懈。

随后，为了爱上她所厌恶的东西，梅勒尼还"造访了自己的默认未来"。她艰难地回忆起自己的几位同事，他们的职业生涯较早进入了瓶颈期，随后在同一份工作上做了几十年，没有任何晋升或加薪。她仔细想象了一下自己如果"重蹈覆辙"，未来的生活到底会怎样。

在梅勒尼不断培养自己新习惯的同时，她还设置了一份自动回复邮件，在自己完成任务最艰难的日子里发送到信箱。这份邮件包含了上次公司内部晋升的人选通告，而她自己无疑错失了这些晋升。看到自己的名字不在这些邮件列表里，梅勒尼受到了提醒：如果任由自己分心，她的未来不会令她感到满意。

最后，梅勒尼把这整个过程变成了一场比赛，方式是记录自己的可计费时间，并将它们贴在房间里的一张大海报上。通过增加每周的数字，梅勒尼使之变成了一场比赛。

这些为梅勒尼量身打造的策略成了她学会爱上自己厌恶的东西的方法。无论何时她对自己制订的严格计划感到意志消沉，或是无聊，或者疲倦，她都会使用这些动力，而它们也确实帮助她克制。

来源二：做你不会做的

梅勒尼一开始寻找自己的关键时刻时，她先进行了一次"技能扫描"。在研究了她需要练就哪些技能才能使自己在工作上得到成功后，梅勒尼决定成为新税法方面的专家。梅勒尼估计自己可以在几个月内真正掌握这些法律。

她随后参加了公司赞助的税法研讨会，志愿为那些未能到场的人做笔记。在记下笔记之后，她又咨询导师，确保笔记准确无误。

梅勒尼很快明白了"刻意练习"的价值所在。起初她只是做笔记，广泛学习，然后做更多的笔记。但不久后梅勒尼就意识到自己必须运用自己学到的知识，然后从行业专家那里获得反馈并加以改进。否则，她会把学过的东西忘得一干二净。因此，梅勒尼给自己的每一位客户（基于新税法方面的客户）写了一封关于税法的推荐，然后请求经理以及课程导师帮自己做评估。一旦他们给出建议，梅勒尼就立马修改，在后来梅勒尼也不断重复了这一过程。

几周后，同事对于梅勒尼的印象开始发生了变化。人们很欣赏她乐于向同事分享自己学会的技巧，她很惊讶人们对于她从前根深蒂固的印象竟然可以转变得如此之快。

来源三和四：把共犯变成盟友

为了充分利用社会动机以及推动者的力量，梅勒尼和自己的生活伴侣托尼进行了一次转变性谈话。她要确保自己为了使职业走上正轨所做的额外工作将纳入到两人未来长期的规划中，而且要贯穿到他们的日常生活中。一直以来，托尼总是一个"怂恿者"，他鼓励梅勒尼"及时行乐"，不必在工作上太费力。但在聆听了梅勒尼的目标和计划后，托尼决定支持她，鼓励她去上课以及完成课后作业，两人都同意不参加今年的垒球联赛。

梅勒尼还采取了额外的措施，以确保在施行新计划时，她的上司扮演"朋友"而非"共犯"的角色，从而不会助长自己工作的旧习惯。他曾经雇用了她，因此也同样希望看到她能成功。每周梅勒尼都会去见自己的上司一次，报告自己最新的进展，并且保证自己正在忙于主要任务。她留心自己不要表现出对关注过分渴求的不安全感，但依旧使用适度的纠偏让自己和主要任务保持同步。

梅勒尼也在税法研讨会上新结交了两三个朋友。这些朋友汇总了笔记，分享彼此的观点，互相争论并鼓励对方努力保持正轨。每场讲座之前她们都会互相打电话，讨论读到过的东西，确保彼此每次都到课。

来源五：改变经济模式

为了利用金钱带来的激励，梅勒尼决定用自己之前辛苦赚来的钱搏一把，让托尼作为自己的见证人。她将 10 张 20 美元的钞票放在一个罐子里，每周五如果托尼认为她已经完成了本周目标，她就可以从罐子里拿出 1 张 20 美元，放进另一个罐子，罐子上标记为"新的自行车"。如果没有达成 1 周的目标，则必须从罐子里拿出 1 张 20 美元，放进一个标记为她反对的政党㊀的罐子。10 周以后，梅勒尼完成了所有工作的提升目标，得到了可以购买一辆新的自行车的 160 美元。反对的政党罐子里只放了 40 美元。

来源六：掌控所处的环境

通过向物理环境寻求帮助，梅勒尼能更加容易培养新习惯。起初，她使用了提示。正如之前所描述的那样，她在电脑旁边放了一张度假村的照片，在手机屏幕上设置了一条激励性的话语，并且在自己显然错失晋升机遇时给自己发一份公司晋升名单的邮件。

她还设置了栅栏。她并没有直接克服翘课去看持续整整一个赛季的棒球比赛这一诱惑，而是选择卖掉自己的季票，这样她再也不用一次次地面对从前的那些选择。她还制定了规则：规定自己偶尔松懈没关系，但必须是自己读完手机上的个人动力宣言之后才行。

梅勒尼还使用了工具。她查看了自己的日历，发现有两个小客户占用了她过多的时间，而他们本不应该花费这么久的时间，因为这会使得她花在大客户上的时间相应减少。因此，梅勒尼设定了一个计划，规定她每周必须和关键客户保持联系，以及决定自己怎样抽身以便处理更小的客户。

梅勒尼还每周腾出 1 个小时，在下班后学习自己的课程。她发现自己必须将这段时间提前计划在自己的日程表里，否则她永远都不会做。她还在日历上做了一个反复出现的待办事项提醒，直到她把下一次的学习计划安排进日程表。

㊀ 指为讨厌的政党募捐。

你的脱困计划

我们的改变者梅勒尼最终成功得到了下一次晋升,仅仅是因为她学习了这3个职场中的关键行为:"我清楚自己的工作吗""我把精力花在正确的事务上了吗""其他人觉得我乐于助人吗"。为了回答这3个问题,梅勒尼和上司以及其他关键人物交流并讨论了"怎样将高水平的行动运用在特定的工作中"这一问题。从那时起,梅勒尼根据6个影响力来源设定了自己的关键行为以使自己保持现有状态。并不是某一个策略使梅勒尼充满动力而有能力改变,而是她综合运用这6项策略,明白了哪些有用,哪些没用,因而最终实现了成功。

在你执行自己的计划时,需要确保你的情况适用于以上提到的建议。如果你在一个只有10个员工的公司工作,其中3个人是上司兼所有者,在这时你想要进步,你需要的不是职业建议,而是一份新的工作。

但是,若你有机会提升,但自己错失了良机,那么就请继续读下去。如果你的业绩评估中包含负面评价,或者你感觉自己被冷落,抑或你坚信所有的晋升和评估过程都捉摸不透、不公正或者过于随意,那么确实是时候看清当前的形势,开始掌握你的职业发展。

发现你的关键行为

在某些个人问题,比如吸烟、使用毒品或者过度消费上,你需要采取的关键行为十分明确:停止做一切对你有害的事情。要停下可能并不容易,但至少你应该清楚怎么去做。在职业挑战上,你确实要花费一些工夫来梳理出你需要为之努力的关键行为。

在前面我们已经提到了梅勒尼和上司讨论了自己的关键行为。对于梅勒尼来说，起初上司的话有些敷衍，但最后他向梅勒尼准确地解释了他觉得她应该做什么。可以想象一下这个"敷衍"的情况是怎样的，它往往充满挑战。

假如说你跟上司解释了自己想成为对公司有价值的一分子，因此正在寻求关于自己应该做什么的建议以提高自己成功的几率，或者你正在尽力回应上司最近在一次绩效评估中提出的担忧。

在之前的例子里，你的老板会解释说你的问题在于"你不是一名称职的队友"，他看起来经验丰富，对自己已经给你提供了十分宝贵的建议之后感到十分自信。但实际上，你并不明白上司所指的是什么。因此你会询问他，"做一名称职的队友具体需要做什么？"他暂停了一秒，深呼吸，然后说道："你需要更加平易近人。"这使得你更加困惑，因为你不知道自己什么时候很难相处，那这又是什么意思呢？

这里的问题在于你正在苦苦寻找自己需要改变的行为，而你的上司（和大多数人一样）并不擅长进行描述。起初他会讲一些个人品质方面的问题，但通常是你在顶尖员工绩效评估上看到的那些品质。他表示你应该做一名称职的队友，但这一类的品质并不是具体的行为，他也不会告诉你具体应该做什么。

其次，你的上司描述的是一个结果。根据他的说法，你需要做些事情（这也是你在一开始努力想寻找的），让别人觉得你很容易相处。在这个例子中，你的上司告诉你需要达成什么样的目标，而不是告诉你该怎么做，他只是觉得自己已经告诉了你去做什么（而实际没有）。这类建议就像教练告诉你：你需要做的就是"拿更多的分数"。

将结果伪装在行为方面的建议通常只是一种令人痛苦的提醒。无论在哪一个例子中，无论人们在谈论模糊的某种品质或明显的结果，你都必须将谈话进行到底，直到这个人给出你需要采取哪些实际行动的建议，而这些行动有助于你了解自己的职业，做正确的事情，或者得到乐于助人的好名声。

为了达成关键行为，反思一下最近你想解决的某个问题。反思你做了什么，没做什么。探寻你的具体行动，直到行为本身变得显而易见。如果你不能辨别各类行为，那你必定无法发现自己的关键行为。

这是你在发现关键问题时的第二个问题。在之前的例子中，一个人很难给你做出某个行为的描述，因为他们将结果和品质二者与行为混淆。有时和你交流的这个人并不愿意告诉你需要怎样做去提高自己。他们担忧给你的反馈会很尴尬或者冒犯到你，因此他们会隐瞒事实。

解决这个问题需要知己。在你试图想找到需要采取的关键行为时，也包括找到一位愿意向你坦诚的同事。在涉及反馈这一点时，你不需要某个假装你现有技能已经很好的共犯。你需要坦诚的教练告诉你在哪些地方需要提高。

因此，开始实施你的计划，找到自己的关键行为。问自己这3个问题：我了解自己的工作吗？我做的是正确的事情吗？同事认为我乐于助人吗？

| 减　肥 |

如何减肥健身以及保持好身材

人类的基因生来与我们作对

当你和那些长期受减肥问题困扰的人交流时，你会发现他们对自己十分严苛。引用我们的改变者之一贾斯汀·迈克尔的话："仅仅是一块巧克力布朗尼或是一块培根都会让你如此为难，这样的事情会使你感到尴尬。这是吃的，拜托……不是什么海洛因。"

她是对的，食物并不是海洛因，但她并不清楚控制食物（摄入）的挑战性有多大。根据某些科学家冒险做出的关于戒除各种"瘾"的难度排名来看，垃圾食品的名次不是在第一就是在第二，这是毋庸置疑的。食物甚至可以和可卡因、酒精、尼古丁以及海洛因匹敌。

思考一下，在与物理环境做斗争时，你不可能把自己深深着迷的东西当作玩具。想象一下你是一个每天要抽2包香烟的烟鬼，你的改变计划要求你每天1支烟吸3～5次，自我诱惑必然会导致灾难，如果下定决心改变某个坏习惯，你就必须彻底抛弃这些坏习惯。

这就是减肥并且保持不反弹会如此之难的原因之一。如果你进食过多，那么万不可采取的就是"冷火鸡"戒断策略。你需要经常把自己"滥吃"的食物放在嘴里，然后在自己还想吃的时候停下来。

为何要这样做？为什么一开始人类的身体会如此渴望糖以及脂肪？你会认为身体渴望一些对它有益的东西。比如说，你知道在那些类人猿的洞穴里发现的小胡萝卜都是浸在一种无脂肪的调料里吗（当然，这是玩笑话）？

几千年前，这种对脂肪以及蛋白质的渴望很好地帮助了我们的祖先，推动了他们走出洞穴，在大草原上追逐竞技。不幸的是，如今这同样的渴望让我们处于十分不利的境地。在久坐不动工作了一天之后，我们又转向充斥了美味脂肪和糖的各种食物，这些准备好的食物已经俘获、困住了我们。

随后，在我们咬下一口这些充满糖和脂肪的食物时，它们会激活我们脑区中原始的部分，让我们处于一种"醉生梦死"的状态，驱使我们毫无节制地继续吃。如果我们和祖先一样，吃完东西后就奔向大草原为下一顿晚餐开始为期几天的狩猎或采摘野果，那吃本身便没有问题。但我们并不是这样。现代社会大型超市每天都向所有人敞开，与其狩猎，还不如选择某个品牌生产的食物。

更糟的情况是，如今我们能在超市以及餐馆找到的食物都是由某些"聪明的"科学家发明的，它们都在分子水平上契合我们对食物最深的渴望。食物按照和药物一样的方式纯化，因此能够以更加有效率的方式影响大脑。我们的祖先曾经食用全麦面包，而我们如今食用白面包；美洲印第安人曾经食用玉米，而如今我们食用玉米糖浆。这些"纯化"使得美国能源部布鲁克海文国家实验室的医学系主任、医学博士杰克·王不禁感叹道："是我们让食物变得跟可卡因并无二异。"

难怪我们会如此难以控制对食物的渴望。我们所在的世界就是会让我们尽可能地多吃，也没有告诉人们应该去健身房以达到平衡。一旦无视这一事实，你将很容易淡化自己对于巧克力等甜食的欲望，从而跌入意志力陷阱。"仅仅是食物罢了。"你告诉自己，"这里少吃一点，那里少吃一些，正如我知道的那样，拿出一点意志力的力量我就会立刻变得苗条而健康。"

这正在扼杀我们

在美国有 2/3 的成年人超重，而其他发达国家也正在飞速赶超这一数字。肥胖在历史上首次成为比饥饿更严重的威胁。而那些正在努力摆脱强迫性进食症⊖的患者呢？每年我们在节食上会花费 40 亿美元，但 95% 的人都只是花了钱而减肥却没有成功。

在我们失去信心之前，先让我们去斯坦福大学医学院看看。在这里，一批学者检测了人们通常采取的广告中提倡的减肥方案。正如我们在"成为专家以及研究对象"那一部分所看到的那样，这些研究者发现这些"人气很高"的减肥方案都起到了作用，其结果也并不糟。我们需要的是精心设计一份方案，以帮助我们应对自己内心的渴望。

现在不太好的消息是，这些减肥方案只对那些坚持到底的人有用，而

⊖ 强迫性进食症包括放任型和节制型，这里指前者——放任型。

相当一部分人没有做到这一点，几乎是三天打鱼两天晒网。

因此，健康的秘密并不在于减肥或健身锻炼方案本身。任何方案只要是让你少吃点并且多锻炼，都能让你成功减肥，还能提高身体素质。平衡的饮食以及精心制订的健身计划，加上某些捷径、秘方或者燃烧脂肪的小技巧等一切努力（也只有这些努力才能），只要能够让你减少能量摄入，燃烧更多热量就是有用的。但只有你坚持它们才会起作用，因为明天你总会摄入食物，周而复始。

因此，我们并非教授你怎样设计新颖的食谱或者学习某种新的开合跳，反之我们将会帮助你制订一种健康的计划，并且你可以持续使用。如果你最终没有找到一种方法使自己同时喜欢当下吃的食物和自己选择的锻炼方式，那么你将不会长期坚持下去。节食并不会起作用，只有为你余生想要的生活创造一种新的习惯才能奏效。你必须停止想那些短期的措施，思考你想要的生活，它才会让你改变一切。

健身中的关键行为

如果你的目标是减肥以及保持健康，你的改变计划中应该包括什么呢？

1. 在你开始节食或者进行某个锻炼项目时，评估自己整体的健康水平。 这一点大家都知道。问问医生你的计划是否安全，不要一次性进行太大的挑战。先确保你的健康状况在最佳状态，之后再开展某个减肥或健身项目。

2. 吃得更好，同时也要吃得更少。 大部分人知道这一点。而如今关于选择该吃什么依旧是当下广受争议的问题，但其中一点是无疑的：你必须摄入的比消耗的更少。有很多各种各样的节食建议和各类食谱可以帮助你达到这一目的。但要避免跟风，牢记最简单的真理：只有摄入比消耗更少，你才能实现减肥。

你怎样实施这一策略，即你怎样制订适合自己的计划？

3. 做一些拉伸、强化核心力量以及心肺功能的运动。这一策略有多种方式，包括走路、打扫、爬楼梯、瑜伽、普拉提、俯卧撑、仰卧起坐以及举重。我们一再提到，有很多锻炼方法和方式可供考虑。它们或许会给你提供更多高效的，能使锻炼变得更加有趣的点子，使你能够更好地开始。综合运用以上你习惯的任何一种或几种锻炼方式，并常年坚持下去。

以上都是概述性的方法，是时候为你特殊的需求以及想要的结果量身制订一份计划了。只要你坚持做下去，所有那些受欢迎的节食以及健身计划都会起作用。让我们来看看怎样才能坚持这些计划。

辨明你的关键时刻

1. 为你的每天、每周或者每个月做流程表。以半个小时为单位记录你的典型"进食日"，然后以周或者月为单位找出其中的规律，发现其中有哪些挑战（比如在你旅游或者周末的时候）。这种策略要求你记录你的一天，然后找出问题的关键时刻或时机，也就是在你吃得过多或者放弃了某个锻炼的机会时。

玛丽·塞蒙，一位来自纽约市的改变者，曾经在 8 个月内减下了 50

磅。她首先记录了自己每天的进食，早上她会在 7 点闹钟响后醒来，在床上躺一会儿听听新闻。然后洗澡穿衣，再吃一碗拌着当季新鲜水果的全麦谷物，这是一个典型日的头半个小时。上午 7:30～8:00，她会快步走过半个街区来到地铁站，乘地铁到市中心，再走 2 个街区达到办公室。到目前为止，一切都相安无事。

然而，随着玛丽不断记录，她发现自己从 8:30 到达办公室直到中午和下午 1:00～6:00 很少离开过自己的办公桌。而她离开办公桌无非是去吃饭或者去会议室开会。因此，她给自己的一天安排了几次锻炼时间。早上和晚上她选择走楼梯下楼，绕着街区走一圈再爬 15 层楼梯上楼，这一活动每次花费她 15 分钟左右，因此每天有额外 30 分钟的时间用以锻炼。

2. 留心诱惑、障碍以及借口（关键时刻）。记录下上周所有你曾经屈服于的美食诱惑，加上你曾经使用过用来逃脱锻炼的障碍或者借口，然后找出其中的规律。玛丽检视了她所面临的诱惑，发现最大的诱惑是热肉桂卷。每次她下班回家，就会拿它当零食。因此，下班回家后的疲劳就是她不锻炼的最大障碍和借口。因为每天一回到家，她便身心俱疲。

找出你的关键时刻会帮助你把"每天每时每刻"存在的问题浓缩为"每天一两个小时"的问题。现在你可以认准在关键时刻能够帮助你脱离困境的关键行为，它们就是属于你的关键行为。

创造你的关键行为

一旦你发现了自己的关键行为（并且在你解决了某个问题后，关键行为也会随着新的问题出现而改变），制定出你在这些有重要影响力的时刻会遵循的规则。在你没有受到任何诱惑并且头脑清醒时制定出这些规则。这些规则，即关键行为，会在关键时刻立刻告诉你应该做什么。以下是来自玛丽的3个例子。

玛丽为自己制定了关于烘焙食品的规则。当身边有烘焙食物时，她应该只吃水果或者自己包里带的诺兰诺拉燕麦卷，其余什么都不吃。

晚上10点必须上床睡觉，这样早上锻炼才不至于太累。

通常，关键行为是在关键时刻扭转失败最简单的方式。如果失败看起来就像一个500卡路里的肉桂卷，关键行为就是不去吃它。在其他情况下，关键行为会帮助你阻止问题的发生，比如说在你想吃肉桂卷之前吃200卡路里的替代食物。如果是因为晚饭吃了过多土豆泥而失败，关键行为会帮助你在吃土豆泥前就吃下一大份健康食物。在你要吃某些不健康的食物前，先用健康食物填满你的胃，这会帮助你远离诱惑。

在其他情况下，关键行为并不是简单的"背道而驰"。它需要一种全新的方法，你会发现在某些案例中其使用了一种叫作"正向偏差"的有效工具。找到一个你成功战胜失败的关键时刻。举个例子，如果你的习惯是在下班后吃零食，那么就专注于你下班不吃零食的时候，即你不再想着这个习惯的时候。问自己这一天有什么不同，是什么让你成功不吃零食的？是因为你忙着跑腿吗？还是因为吃了一顿与平时不一样的午餐？或者是因为你参与了某项活动？一旦你发现自己在做什么，你可以让它变成一个新习惯，即一种新的关键行为。

下面是另一个改变者约翰·赫齐的例子。他的关键时刻之一是某周六的早午餐时间。他总是忍不住地往自己的盘子里堆满食物，配上鸡蛋、咸肉、香肠、土豆煎饼，有时还有腌鲱鱼。最后再放上很多荷兰酱。这盘食物卖相并不好看，而且总是让他回家后昏昏欲睡㊀。但在某个周日，约翰发现自己面前的盘子里只放了适量的美味食物。这和平常有什么不同吗？他当时正忙着和一个来看他的侄子聊天，而为他盛了这盘食物的人是他的妻子露易丝。

一开始，约翰心里感到有些怨愤，因为露易丝没有像自己往常做的那样为他盛好一座摇摇欲坠的"蛋塔"。但当他吃完后，他感到很舒服且满足，没有吃撑了的感觉。对约翰来说这正是一次"正向偏离"的时刻，他决定要保持这一时刻。即他的关键行为是在接下来几个周日让露易丝为他盛食物。

学习并调整

不要想着一开始就找出自己所有的关键时刻以及关键行为，进步并不会扶摇直上。你需要打破锁链，直面挫折，用专家的方式来面对这些挑战。用好奇心和关注而非自我谴责去检视自己的失败，你会发现自己从失败中得到的教训比从成功中得到的更多。你失败的情境和时刻就是属于你的新的关键时刻。在你创造新的关键行为时，你辨明的每一个关键时刻都会变成你成功路上的基石，但这一切都要基于你的关键行为和时刻与你上一次所面临的挑战相互契合。

举个例子，你发现在餐馆吃饭会打乱你的饮食计划。因此，你需要制定一个新的关键行为，比如说撕掉订单或者只点一页菜单，接着追踪自己去看新策略会起到怎样的作用。或许撕掉菜单对你来说并不理想，因为你

㊀ 形容吃得太饱，导致昏昏欲睡。

总是一个人或者你会发现撕掉菜单向别人解释起来会很尴尬。如果真是这样，试试另一种规则，比如说"将盘子里的食物分成两半"或者"先吃盘子里的蔬菜"。在关键时刻你找到了对你有用的关键行为。学习、纠偏，学习得越多，纠偏得就越多，把坏事变成有用的数据。

记住，在涉及个人改变时，你需要成为专家以及研究对象。研究对象偶尔会遇到困难，因此专家需要学习并且纠偏，从而指导研究对象应该怎么做。

专注于 6 种影响力来源

是时候意识到你所处的世界怎样激励并促成你新的关键行为了。

来源一：爱上你所厌恶的东西

现在你面临一个对动力的挑战：此刻你正在阅读这本书，并且认真思考着。你有着无限的动力去做正确的事情，你会想："这没什么大不了的，我总会战胜它们的。"不幸的是，在之后诱惑来临时，你的动力会减弱，因此你会屈服——暴饮暴食、乱吃东西或者让锻炼的机会白白流失。人类总是不敢预测诱惑的挑战性会有多大，即使他们曾多次面临这样的情况。

为了避免对于动力的误解，学会利用你现有的个人动机，尤其是在受到强烈诱惑的时候。

1. 找到你热爱的。 这一显而易见的策略经常被忽视，因为人们并不理解吃得健康和经常锻炼也可以活得很快乐。幸运的是，在谈到食物和锻炼时，你总是可以找到自己喜欢的选择。举个例子，如果你不喜欢蔬菜，尤其是西兰花,那就去细心探索蔬菜世界。或许西兰花烹饪的方法得当你也会喜欢上它,又或者你会找到一种不同的蔬菜让你觉得好吃。在任何一种情况下,不要死认某一种你不喜欢的蔬菜。

锻炼也是一样。举个例子,玛丽·塞蒙不喜欢使用健身房的器材,但却发现自己喜欢沿着曼哈顿拥挤的大街散步。她可以从自己的公寓走到格林威治村再折返,总计 4 英里[○],这样她感到很开心。你需要同样善于创造,花时间去发现最糟之中最好的那个。你需要不停地试验,直到你找到了自己真正喜欢的选择。但无论如何,永远不要投入精力到一个你根本不喜欢的计划中。

2. 讲述一个完整又生动的故事。问问自己为什么想减肥或者提高身体素质,大部分人几乎没有想过这一问题的答案。他们只告诉自己一个概述性或者模糊不清的答案,比如"我想看起来更好看""我想穿得进从前那些衣服"或者"我想拥有更多的精力"。

这些回答算是一个起点,但它们都过于模糊以至于无法让你经受住那些诱惑。比如说一块美味的巧克力蛋糕,在你思绪中缠绕,你想着"我想未来有一天更喜欢自己"以此来抵御蛋糕的诱惑。但如果这一模糊的思绪就是你所拥有的唯一,那毫无疑问蛋糕每次都会是赢家。

以下是约翰·赫齐让自己重新专注于目标的方式。他首先描述了自己减肥和提高身体素质的动机:"我想看起来更好看,自己更喜欢自己并且拥有更多精力。"这并不是他的所有目标,也并不生动到足够使他一直保持专注,因此他又往前迈了一步。

3. 造访默认的未来。幸运的是,当约翰审视自己前面还有多长的路要走时,他终于能够填满那些细节。在他的例子中,他"神游"了一番关于

○ 1 英里 = 1.609 344 千米。

某个显要人物面临健康挑战的画面。

"我想起了拉里·米勒,"他解释道,"他是当地一位著名的商人,他是慈善家以及忠于家庭的人。他创建了一个成功的汽车经销商企业,拥有犹他州爵士队[⊖],经常上电视。他当时和我一样的年龄,也超重。前几年,我眼睁睁看着他遭受了糖尿病、心脏病以及肾虚的折磨。因为糖尿病他失去了两条腿,在60岁左右就去世了。拉里的不幸去世就是我的默认未来,因此如今只要我打算点一份丁骨牛排,我就会想起拉里,好像看到他站在我面前,于是我就会换成大马哈鱼。"

为自己的默认未来创造一个生动且可信的画面,这样会在你面临诱惑的紧要关头提供各种可以利用的细节,但是它必须具体且生动。在约翰更加专注于他改变的原因时,他已经能够为自己提供那些需要的细节,这已经足够了。

4. 使用"价值判断"类的词语。在造访了自己的默认未来后,从激励性的视角中选取某些放进个人动机陈述中,以备你在关键时刻使用。务必牢记这种感觉以及事实:"我这么做是为了我的妻子露易丝。这是最能体现我爱她的贴心方式,再多的珍珠耳环都比不上。"

注意约翰在自己动机陈述中描述自己在做什么时使用的词语,这些词语在那些极具诱惑的关头改变了约翰的情绪,因为他利用了其内在的价值。它们帮助他将这些诱惑挤出脑海,并想象他给自己深爱的女人露易丝一份珍贵的礼物,一份超乎珍珠耳环的礼物。

通过造访自己的默认未来,讲述一个完整且生动的故事,以及使用价值判断的词语,约翰终于拟定出了个人陈述。只要他在关键时刻冥想,这

⊖ 美国犹他州盐湖城职业篮球队。

个陈述就会立马深刻影响他的情绪。他想扩大其影响力，于是就把他的陈述与露易丝的照片相结合。衡量个人动机陈述的标准是在使用它时，是否会让你摆脱诱惑的魔咒。如果不能的话，说明它的作用太弱。你要坚持下去，直到它让你在最重要的时候想起你最想要的是什么。

5. 联想你将要成为的人。部分人将自己的个人动机陈述和他们想成为的人相联系。举个例子，想一想有人或者有某个组织正在做着你厌恶的事情，但他们却乐在其中。随后，把你视作其中的一员，而不要将他们视作疯子。在你执行自己的关键行为时，你需要停下来在精神上庆祝自己已经逐渐成为他们中的一员。

打个比方，如果你在坚持锻炼上遇到了困难，（大声）告诉自己，"我是一个正在训练中的运动员，这是运动员应该做的。"为了让这一身份更加具体，你可以说"我是一名登山运动员""我是一名跑步运动员"或"我是一名滑雪运动员"，然后更深地投入到这项新的乐趣中。看有关登山、跑步或者滑雪的杂志，想象你就是其中的一员。让你的视线从牺牲上移开，转而关注其带来的成就感。无论何时你受到诱惑，将要重蹈覆辙，用那些让你成为你想成为的人的动机陈述做理性的争辩。

6. 把它变成一种比赛。为了完成他的动力计划，约翰将其变成了一场比赛。他买了一只会体现卡路里燃烧率的手表，起初他追踪自己的燃烧率，再后来他控制自己的燃烧率。他发现如果他在工作时从椅子上站起来上下走几层楼，不仅其脂肪燃烧率会翻倍，并且恢复到其坐下时候的燃烧率需要花费 2 个小时。在 2 周内，约翰张贴出自己的得分，像庆祝奥运盛事一般纪念自己的卡路里燃烧这一成就。行为有时会更令人愉悦，因为它们本身就是成功的一部分。

来源二：做你不会做的

1. 首先开始技能扫描。以下有多少你是熟悉的？

- 不同食物中所含的热量，不需要精确，估计值也可以。
- 目前可以替代正在食用的食物的低热量食物。
- 能在家做的美味且健康的食物。
- 怎样使用商店里的加工食物标签？
- 厨师经常使用的能够快速减少你挚爱菜肴所含热量的方法。
- 最大程度燃烧脂肪的锻炼节奏。
- 防止拉伤的措施。
- 在锻炼之前最好的热身方式。
- 在训练肌肉时，最佳的重量和锻炼频率。
- 燃烧脂肪以及维护心脏健康需要的时间。

当然，这张清单还可以更长，但你不需要全都了如指掌才能开始。为了找到这些答案，首先从课本、网站或者现有的某些专门提供主流建议而不是声称可以快速修复的优秀组织开始。以下是3个可以帮助你入门的网站：

- www.nutrition.gov，该网站提供了各种来自联邦政府的讯息。
- www.nwcr.ws/，该网站属于国家体重控制注册中心，这是一个研究组织，分享了超过9 000个曾经减掉至少30磅并且成功保持了至少1年的案例。

至于地方的信息，去当地医院查查看吧，一般他们会有用以减肥、健身以及健康的免费方案。

当然，健身和节食并非改变生活所需要的全部，更佳的方式或许是学会更好地处理好你情绪性饮食的问题。在你学习自己的关键时刻并思考是什么阻止你改变时，扫描一下你需要学习的新技巧，将它们放进自己的计划中。举个例子，如果饮食与孤独有关，你需要上一门职场社交课，作为开发新技巧的方法。

2. 采用刻意练习的方式。假如你有晚饭后吃零食的坏习惯，对于你来说，晚饭到睡觉前的这几个小时就是你的关键时刻。你可以通过使用刻意练习的方式来掌控这段时间，以下是实施的步骤：

- 将一项技能分解为小的部分，在每段短时间内练习每个小的部分。举个例子，将晚饭到睡前的时间分解为每半个小时为一个单位，然后在每个半小时内，试验不同的吃法、活动以及分心的活动以寻找在半个小时内击败最强诱惑的方法。
- 依据一条明确的标准得到即时的反馈，并评估自己的进步。举个例子，你已经在某个日历上标好了每个晚上以每半个小时为单位，并且在这些时间框架内对应制定目标（举个例子，20 分钟锻炼，不超过 100 卡路里热量的零食），每晚评估自己的进步。
- 对挫折做好准备。将挫折用于调整计划，或许你去看电影时，没有再买裹满奶油的爆米花或者糖果。调整自己的计划，或许下次你就会在去影院的路上啃一个苹果。

3. 学习意志力技能。不管你信不信，很多人依旧相信健身和锻炼跟意志力有关。意志力很重要，但这些人忘了意志力也是一门技巧。

举个例子，最近的一项调查表明，如果人们可以做到分心几分钟，他们就可以抑制消极的欲望，做出更明智的决定。沙曼·威尔就使用了这一方法帮助自己避免在节食上自欺欺人。她列出了10条想要减肥的理由，并且制定了以下规则：她只能在读完这张理由清单并且给自己的姐姐打完电话之后才能在节食上稍微松懈。这额外的一步使得她能够延迟满足并且让她从姐姐那里获得社会支持。

其他改变者使用的技巧包括短暂的散步，重复自己背诵的诗歌，以及喝一杯水。关键在于清楚自己的冲动并且专注于其他事情上，直到冲动慢慢减弱。

来源三和四：把共犯变成盟友

当涉及个人健康时，以下是改变者使用的两个可以最大化利用社会力量的策略。

1. 增添新朋友。"改变一切"实验室展示了为自己的改变增添新朋友会提高我们改变成功的几率（约40%），并且这对减肥和健身尤其奏效。

举个例子，药学教授艾比·金曾经做过一项由218人参与的试验，这批试验对象一直以来困于缺乏锻炼。他鼓励所有人每天至少步行30分钟。在设定该目标之后，其中一组每3周会收到一位真人拨打的电话，询问他们是否完成了制定的目标，为他们每一次取得进步表示祝贺。这一由陌生人发出的简单行为导致了这组试验对象在锻炼时间上增加了78%（明显高于那些收到来自电脑拨打的电话的试验对象）。这一打电话的行为持续了1年，尽管之后没有人再打电话，但新习惯还在继续着。

找一位不仅可以激励你而且可以指导你的教练。举个例子，约翰实际上在第一个月雇用了他所在健身房的一名教练，来监督他锻炼。他们每天早上 6:30 碰面，每周 3 次。这样的约定保证了约翰会爬出被窝来到健身房，因为他不想浪费自己的钱或者让教练失望。这个教练能够最大程度地教他怎样使用各种不同的健身器械，以及举重，怎样在不造成过度疼痛或伤害的情况下锻炼身体。

另一类朋友尤其重要，那就是训练中的同伴，他们和你一起节食或者一起锻炼。他们可以是你的生活伴侣、家庭成员或者某个陌生人。我们曾经有一位改变者和自己的弟弟一起锻炼，尽管他住在西雅图，而他弟弟住在旧金山。每天他们进行同样的训练，在每天早上 6 点互发短信。这种团队精神和责任感给了他莫大的动力，使得他能够从床上爬起来信守自己的承诺。有至少一个人在和你进行同一个减肥健身项目，而无意之间，这种情况会使你们两人创造出奇迹。

2. 开展一次转变性的谈话。 总有一个共犯最后会变成你的朋友，即你的"营养管家"。他承包了家里大部分的采购、烹饪等任务。当然，这个他也可能是你自己，在这种情况下你一定已经掌控了局势。但如果不是你自己，或者你只是其中的一部分，那么你需要将这位"营养管家"变成你减肥路上的同盟。

在某些情况下，这位"营养管家"仅仅是在等你允许他为你的减肥提供帮助。不幸的是，减肥和健身都属于敏感的话题，人们通常需要别人邀请才会开始涉足。这意味着，你必须成为主动的那一方，向那些每天影响你食物和锻炼的人寻求帮助，解释清楚他们可以为你做什么，比如说"麻烦买点水果放在外面，这样一来大家都能吃到。"同时也要向他们分享必须停止做的，比如说"别再烤那些美味诱人的曲奇了，或者把它们放在高的地方。"

最后，不要忘记告诉他们将那些事情继续做下去。举个例子，"我真的非常喜欢和你在晚饭后一起散步，我觉得这对我会有好处。"

不要把这种转变性的谈话限制在你和"营养管家"之间，生活中大部分共犯都会惊讶地发现他们所做的是在伤害你，而非帮助你，并且他们都会很乐意加入到帮助你的队伍中。

来源五：改变经济模式

现有的经济模式总是在阻碍我们的健身目标。正如我们在之前提到的，很多包装食物（尤其是含糖和脂肪高的食物）价格都降低了，而水果和蔬菜的价格却在上涨。并且你购买的数额越大，交易越公正。因为你花得越多，得到的分量就越大。很多人觉得把留在盘子里的食物扔掉是可耻的，而这只会促使我们摄食更多，是时候改变这一现状了。

1. 利用激励机制以及损失厌恶（使用胡萝卜加大棒策略）。关于激励机制的好消息是它们会起作用，但需要一定的条件。你的减肥目标需要是短期的，例如每周1磅，而不是一个月4磅。你需要严肃对待激励机制，而不是自欺欺人，并且得到的奖励必须对你很重要。改变者黛比·威尔做了一张五角星的表格，每次只要她成功减下1磅，就在表格上画上一颗星星。每当她在表格上画满了10颗星星之后，她就会去逛街购物，并且扔掉从前的旧衣服。注意一下她的计划是怎样起作用的，她通过扔掉旧衣服，买想要的衣服来改善自己的身材。

2. 适度且综合使用激励机制。最佳的激励机制在尺度上总是适度的，并且总是和我们的个人与社会动机相结合起作用。

以下是本书作者之一戴维使用过的一则激励机制的例子。他想在20周内减掉20磅,并下赌注200美元。他将这笔钱交给了一位朋友管理,每周为自己制定了一个目标。戴维的起步体重为200磅,目标是每周减下1磅。每周五,戴维站在体重秤上,拍下照片以记录自己的体重。他将照片发给自己的朋友约瑟夫,因为他觉得约瑟夫是值得信任的。

只要1周没有达成目标,戴维就会损失10美元和自尊,还会被同事嘲讽。这一简单的激励机制,一旦和6种影响力来源结合就发挥了作用。最后,戴维损失了总共20美元,减肥后体重保持了2年。

来源六:掌控所处的环境

1. 修建栅栏。设置障碍以阻拦那些不好的事物,留住那些好的事物。举个例子,我们曾经的改变者玛丽·塞蒙意识到自己就是家里的"营养管家",因此她小心翼翼地"把守"着全家的营养。事实上,她承担了一项食物检查的任务,看起来就像在"搜救与扑灭"。她检查了家里的冰箱、橱柜、食物储藏室以及整个公寓,将垃圾食品全部移除,把冰淇淋、糖果、冰冻的肉馅饼、全脂奶、薯片、曲奇甚至曲奇罐都搜集起来,送给了邻居。她坦言,送出去的某些东西,比如说精心包装好的熏肉,伤害了她一毛不拔的心理。但她的座右铭已经变成"我们不必自食其果"。不到30分钟,她的公寓就变成了进食的"安全之地"。

接下来,玛丽列出了一张健康替代食物的消费清单,准备将这些食物储藏在家里。她在桌上放了一只装水果的碗,并且让它始终是满的。她还发誓只在杂货铺的外围消费,尽可能避开其过道(过道上往往放着脂肪高的加工食物,外围是新鲜食物存放的地方)。

玛丽还在心理上对各种餐馆菜单进行了"免疫"。她发现一张普通菜单上开胃菜和酒精饮料是含热量最高的东西,因此她决定在餐馆不点开胃菜和酒精饮料。

2. 管理距离。约翰·赫齐使用了距离策略帮助自己健身。他让健身变得更加近在咫尺且方便。他新买了一双跑鞋和一套换洗的衣服,并把它们放在上班的地方,这样自己下班后就可以去锻炼。他还买了一组哑铃和一张用于锻炼的音乐专辑,把它们放在桌子旁边。在家时,约翰把电视搬进了一间空房,这样他就可以一边看自己喜爱的节目一边锻炼。综上,这些小小的改变几乎让他每天精力旺盛的时间实现了翻倍。

3. 改变提示。我们中间大部分人吃了大半辈子东西却从没有注意过我们吃的是什么,我们吃了多少,并且我们总是忽视可以健身的机会。精心设计的提示会将我们从一成不变的生活中拉出来,提醒我们所拥有的选择。好的提示会吸引你的注意,但即便是他人也注意到了这一提示,你仍然不会觉得尴尬。它可以是一句个人的箴言:"没有任何食物比健康的感受更令人愉悦。"也可以是一张你精力旺盛时的照片或者你所爱之人的照片,因为他们一直在鼓励你变得健康。通常这些提示不仅会提醒你进行健康的饮食或锻炼,还会重新点燃你做正确事情的动力。

记住这些提示必须时刻就绪,这样它们能够在关键时刻提醒你。如果你想吃零食,在冰箱和橱柜里放上一些东西来提醒自己。如果你经常在看电视时吃东西,那就在远处放上一则提示。

4. 运用工具。如今,你可以找到各种各样的高科技工具帮助你进行健康饮食和锻炼。以下是几种风靡市场的工具使用举例。

- 加速器、计步器甚至全球定位系统,来测量和跟踪你的健康状况。
- 手机软件以追踪卡路里。
- 手环用于追踪卡路里燃烧率。

以下是几个简单的、相对科技含量更低但依旧有效的工具举例。

- 1张挂在浴室墙上的纸质日历,以记录你的体重变化。
- 更小的锅、小份量的碗和炊具以及盘子,以帮助你减少食物摄入。
- 1本关于试验的书,以帮助你探索自己的世界。

以上只是你可以用以掌控所处空间的几个方面,你还需要找到并使用属于自己的方法。你只能如此,否则你就会被周遭想帮助你、控制你所处环境的人所包围,以至于你自己深陷其中,不得动弹。

| 财务健康 |

如何摆脱债务以及永不陷入债务之中

衡量、追踪甚至理解财务健康十分困难。举个例子，40年以来，你觉得自己制订的退休计划还不错，怎么可能出错呢？你和咨询师讨论过，为此还在存钱……

直到有一天你光荣地接受了自己的金表，准备在自己苏丹式的躺椅上看《法律与秩序》㊀重播时，你才发现并没有为自己的退休生活存够钱。事实上，只要你限制自己的消费或不在任何地方大吃大喝，你就会有很多存款。

或者你是众多幸运儿中的一个。你已经退休，并且准备买点什么，但却必须要得到你子女的允许，因为他或她正在养你。和成千上万的退休人员一样，你的生活和20世纪80年代的人所穿的流行T恤上宣称的生活一样，上面写到报复子女最好的方式就是活得足够长，成为子女的负担。好吧，现在你已经是一个负担了。事实表明，T恤上所写的"成为子女的负

㊀ 美剧，关于刑事犯罪与侦查。

担"或许很滑稽，但在现实生活中这就是一出希腊式悲剧。

或者这个怎么样？不管你在经济上多么负责任，它始终都超出你的控制范围。你省下了每一笔钱，直到你积累了一笔名副其实的财富。然后市场开始下跌，你开始剪票息，这并不是为了娱乐，而是为了生存。

因此你需要做什么呢？有一件事是明确的，那就是借鉴你邻居的提示。这其实是个馊主意，毕竟你的邻居不一定是个铁公鸡。但谁又想囤积大量财富却从来都不买一双新袜子呢？

同样，你也不愿追随其他邻居的脚步，而事实证明大约43%的美国家庭花销大于其收入，并且还欠下了18 000美元的高利贷，他们也有像17分硬币[⊖]一样的办法以用于财务紧急情况。

直到现在他们都用信用卡消费，买那些自己觉得是"必需品"但实则在生活中可有可无的物品。

"不要担忧。"你的邻居叫嚣道。他们总是在你耳边说，"大家都是这样做的。"无论他们处于怎样的财务困境，总会找到每个月勉强度日的方法。他们离倾家荡产只差了一场紧急医疗事故，甚至只是一张汽车罚单。

你也同样处于财务困境吗？你会因为没有薪水就开始走下坡路，导致财务困难吗？如果以下陈述适用于你，你可能正处于短期的风险之中，而你在将来退休后也有可能面临这种困境。

- 你有7张以上的信用卡。
- 你是一位强迫性购物狂。

⊖ 讽刺说法。

- 你和生活伴侣在过去 6 个月互相隐瞒了各自的消费。
- 你将信用卡看作现金，而非债务。
- 你经常借债以支付账单。
- 你将透支收费或者逾期费看作很稀松平常的事。
- 你在生活的其他方面也有欠债记录（比如房屋或车辆修理、普通的医疗需求）。

隧道尽头的光明

当然，并非所有人都身处财务困境的噩梦中，很多人（其实是数百万人）在财务上十分富足，我们也都清楚他们是怎样做到的。他们挣的比花的多，这一神奇的举动是财务稳定的根本，即实现盈余。

好消息是，严格来说市面上很多书都告诉了我们怎样实现财务盈余，但那也仅仅是告诉你在模糊而遥远的未来，某天当你账户中真正有钱时应该怎样做。如果你已经找到了花销小于收入的方法，身穿阿玛尼的金融大师将急切地向你解释如何保护盈余资产，为最糟糕的情况做打算，以保障你的未来。

如果你和世界上大部分人一样没有实现财务盈余，那么一大堆好的投资和理财书籍不会对你有所帮助。你的挑战不在于担忧自己的金融策略不能让你床垫下堆积的钱增值，而是你需要找到一种方法来改变你目前的行为，让你能够在一开始就实现财务盈余，这才是本章的内容。

下面几页会帮助你将关键改变过程运用到自己的消费习惯中，而根据一位著名的财务咨询师戴夫·拉姆齐的观点，我们首先要面临的是财务挑战。拉姆齐的说法是,"在钱上面取得成功往往是 80% 的行动和 20% 的头脑,大部分人知道怎么做,但就是不行动。"

以下就是我们所了解的,为了在财务上实现富足,你可以要么挣得更多,要么花得更少,或者两者兼具来创造盈余。正如你猜测的那样,大部分人倾向于挣得更多,在这里我们将看看怎样才能花得更少。我们会帮助你制订一份可以依赖的负责任的计划,不仅会帮助你对财务习惯有新的感受和激情,还会引导你通向明天和未来的快乐。

看看雪莉和泰森

为了弄清楚实现财务盈余需要做什么,我们寻求了两位曾经面临巨大挑战的改变者:雪莉和泰森,这对相爱的夫妻(也非常典型)起初因为财务混乱而烦恼,最后下决心度过了严重的财务危机。

雪莉有一次在幼儿园给小朋友讲故事,当她看到 100 只气球飞进幼儿园时,她爱上了泰森。当时,泰森的脸上带着尴尬的笑,他为自己如此高调秀恩爱而显得不知所措。后来雪莉转瞬间想过,在他读研究生的预算中,这算是十分奢侈的表达方式,因为他们只约过一次会。但她立马将这个想法抛到一边,转而心甘情愿地认为泰森就是她的全部。

雪莉从小由一位银行家养育,"每当打开钱包时,钱包都会发出龇牙咧嘴的声音"。她虽然很喜欢购物,但每当她在自己最爱的昂贵品牌没有降价促销时就把衣服买下来,她会感到万分愧疚。在第一次约会那天,泰森扶着她登上直升机,带她沿着哈德逊河体验了一番惊险的飞行。她感到十分不安而战栗。这趟旅程花费了 500 美元,但递过去信用卡时,泰森的目光没离开过雪莉一秒。

结婚 10 年以来，雪莉一直在担忧泰森会让自己破产。她想尽办法来约束他奢侈无度的花销，随后又因为自己疯狂购物导致的内疚更加怨恨泰森。他们的债务正堆得如山高，但花销依旧在持续。如果依旧维持现状，他们终将一无所有。

辨明你的关键时刻

正如你知道的那样，关键改变的过程始于辨明自己的关键时刻，因此你需要花些时间思考那些你面临消费诱惑的时刻。那些导致你财务失误的时刻、感受或者情境到底有哪些特征呢？

泰森发现自己的花销十分情绪化。举个例子，在周六下午他通常会因为无聊而感到不舒服，他打开电视看一场球类游戏，殊不知旁边不远处坐着一位共犯。半清醒半迷糊的状态下，他拿出笔记本电脑开始登录最喜爱的网站。不一会儿他就找到了自己的猎物——一个新的钓鱼绕线轮，轻轻地点击，他就买下了这件东西。泰森的内心有一丝战栗，随之而来也感到一阵徒劳的失望之情。看着电脑屏幕的泰森突然意识到自己需要改变这种无聊或不舒服的情况下所做出的行为。

对于很多消费者来说，他们的关键行为有着深厚的社会根源。攀比引诱他们去购买自己实际上不需要也不想要的东西，但他们最终还是买下了那些东西。根据帕克·安德和一位著名的消费行为专家的说法，不仅仅是高档次的商店会击垮我们，就连超市也会激发我们购买的欲望，总共有 60%～70% 的消费是临时起意的。

创造关键行为

泰森和雪莉很快意识到尽管他们总是冲动失控,但也并非每天每时每刻都在消费。事实上,只有几个关键时刻他们需要注意,并采取相对应的措施。在检视了他们的薄弱环节之后,他们首次对应该做什么进行了最大程度的猜测。首要的关键行为就是为他们的改变计划设定一个起点。如果遭遇失败,则审视当前是否为一个需要列入计划的新的关键时刻,是否可以将这次失败变为对他们来说有用的数据,也就是为之创设一种新的关键行为。一开始,他们选择的 4 个关键行为如下:

追踪一切。他们通过将所有的花销记录在一个手机软件里来提高自己对开销的意识。

预先计划。在去商店之前他们会列出一个要买什么东西的具体列表,在商店里只买这些东西。

先存钱,再花钱。他们会将薪水的 10% 用于加速还债的进度。

每周评估财务情况。每个周日早上他们都会回顾一下自己买了些什么,讨论偏差出在哪里,并为下周的预算制订计划。

专注于 6 种影响力来源

当然,正如戴夫·拉姆齐所说,发现自己的关键时刻并找出自己需要做些什么来熬过它是一回事,而让你真正去做又是另外一回事。以下是泰森和雪莉使用 6 种影响力来源支持他们的 4 个关键行为的方式。

来源一：爱上你所厌恶的东西

造访默认的未来。 当雪莉和泰森互相坦白时，他们承认自己对所处的经济状况确实有一些不满意。支付账单不可避免地会引起一场激烈的争吵，最后他们会连续几周冷战。而冷战不仅伤害了彼此的感情，还让他们错过了审视自己默认未来的机会。

但他们应该怎样利用自己强烈的改变欲呢？他们怎样才能够看到，如果维持现状不加以改变，未来在他们面前的是怎样的路呢？雪莉和泰森的转折点之一发生在某个晚上他们的一次谈话，他们做的和之前我们提到的十分有用的环节"动机性采访"有着惊人的相似之处。众多研究表明，在这一环节上花费一点点时间就会对改变产生巨大的效用。

以下就是它起作用的方式。在某个晚上，雪莉和泰森决定具体谈谈他们要改变的原因，起初他们这样做是因为雪莉不确定俩人是否对未来的财务抱着同样的打算，具体来说也就是她不确定泰森是否清楚他需要改变自己的消费习惯。她担心泰森会因为安抚她而表面同意，而当她不在的时候又抛弃这一原则。泰森承认雪莉的担忧是合理的，他清楚两人的财务状况一团糟，而他确实没有真正关注过此事。

泰森和雪莉为各自预留了1个小时用以采访对方。他们创设了一个较为安全的氛围，以便各自可以坦诚地看待他们的财务情况、默认未来以及个人的动机。

讨论结果将会成为他们的个人动机陈述，在事情进展不太顺利时提醒他们自己真正想要的东西是什么。

首先泰森采访了雪莉,他记下了雪莉对几个关键问题的答案。

1. 10 年以后你想在哪里?

2. 如果保持现状,10 年以后我们会在哪里?

3. 改变的优势在何处?

4. 你打算怎么做?

在采访中雪莉和泰森一度落泪。而她仅仅是问了泰森如果保持现状 10 年以后他会在哪里这一问题,他就进行了足足有 1 分钟的哲学般的思考,终于雪莉发现他其实被这一问题卡住了。她只好不耐烦地问道:"不好意思,是这个话题对你来说太无聊了吗?"泰森转过身对着雪莉,泪眼蒙眬地说道:"不,是这问题让我难受。我明白如果我不改变,终将会失去你,而那会让我痛不欲生。"

当这两人完成了对彼此的采访后,他们从自己的笔记中提取了某些关键要点,用以建立个人动机陈述,这会引导他们努力的方向。包括以下内容:

- 我们再也不想因为钱的事情彼此交战。
- 购物并不能使我们开心,反之,它让我们抑郁。
- 比起购物的快乐,我们更珍惜彼此之间的和睦。
- 因为想要得到某件新东西而损失我们的婚姻是不值得的。

最后,在对自己的默认未来造访一番归来后,这对夫妻保证每次当他们受到诱惑,快要打破任何一种关键行为时,就读一遍个人动机陈述。

讲述一个完整又生动的故事。泰森和雪莉通过改变他们故事的结局而改变了对各种选择的感受。事实上,从前他们从未停下来想一想维持现状会有怎样的后果。通过使用各种财务工具和措施,他们终于能够更加完整地看到他们的未来是怎样的。

起初他们使用了一个网站来记录 1 个月内所有的收入和支出，这确实花费了不少功夫。但一旦他们开始行动，其结果让他们大吃一惊。如果他们依旧使用信用卡支付，那么 10 年以后他们要支付的利息就会达到 18 371 美元之多。

造访默认未来不仅帮助他们改变了自己对坏习惯的感受，还给了他们对于未来的希望。收紧预算开始变得像是一座堡垒，保护了他们的安全。

把它变成一种比赛。为了将预算从一双手铐变为一种有用的工具，泰森和雪莉为成功设定了目标和日期。雪莉对于存钱的想法很赞同，将钱存进一个紧急账户令人兴奋，每笔存款就像是一次触地得分。

将其变成一场比赛后，泰森也加入到了存钱的行列中。他们设定了有时间限制的目标，意在取得小的胜利，然后设置一块显眼的得分板。第一块得分板是他们所拥有的 6 张信用卡的照片。如果他们的计划没有完成，他们就会在每张卡片上写下能够归还债务的日期。

尽管将计划变成比赛起初看起来确实不够自然，但泰森自豪地承认当雪莉递给他一支黑色马克笔，让他有幸在计分板上划掉他们还清的第一张信用卡时，他感觉自己仿佛重获新生。第二张、第三张、第四张……这些里程碑般的纪念时刻都极大地鼓励了他们，让他感到从来没有和对方如此亲近过。

来源二：做你不会做的

当雪莉和泰森进行技能扫描时，他们很快意识到自己所拥有的都是错误的技能。他们知道的是怎样使用信用卡利率、屏蔽债权人、避免谈论真正的未来等一系列闪躲的技巧。

他们所不知道的是实现财务稳定所需要的技能,对于基本的投资和理财他们一无所知,在记录自己的财务情况或者评估自己所做的决定会带来的影响方面也总是笨手笨脚。但他们从不觉得自己不能够胜任,因为他们认识的人几乎都没有这方面的技巧。大部分大学生在基本财务知识测试中得分为 F(即 53 分),而这对负债累累的夫妻同样也是如此。

为了对财务精通,他们决定通过课程补充知识。起初他们是某个个人财务管理电台脱口秀的忠实听众,再后来他们购买并钻研了某些高票推荐的书籍;随后他们还发现了一个免费的个人财务管理网站,可以让他们更加容易地记录所取得的进步。雪莉十分热衷于弄明白他们的钱花在哪里,以及当前的财务状况如何。不愧是银行家的女儿,她爱上了电脑这一工具以及这些工具赋予她控制自己财务的力量。

随后为了应付他们面临的最大挑战,他们又致力于意志力技能,即控制自己的冲动。

"我们都会不自觉。"泰森解释道,"在超市结账台,我会再往购物篮里扔进 2 盒呼吸薄荷糖、1 本杂志,有可能的话,说不定还会扔进一辆得克萨斯车。"

他们对计划之外的购买行为的第一道防线就是关键行为之一中的"提前计划"。通过提前列出需要购买的东西,就可以不用每次在无意撞见某个诱人的商品时犹豫。如果某个商品不在清单上,那就拒绝购买,没有任何可商量的余地。

后来当他们更能控制自己的花销后,他们又在计划中加入了"延迟与距离"策略。在某些可以适当松懈的情况下,如果他们恰好遇到了某个他们认为自己想要的东西且在预算范围内,就把它写下来,然后回家,在 24 小时之后即第二天再去该商店,如果他们还是想买的话就买。

来源三和四:把共犯变成盟友

在购物这一点上,与你有关的很多人都是共犯。研究表明,和他人一起购物时,消费者的购物欲望会更强。

要当心同伴压力带来的消极影响。还记得之前试验中 5 年级的 "消费者" 在周围有一群急于购买价格高得离谱的糖果的同伴时发生了什么吗?短短几秒钟内,他们也加入了这一"社会性"的购物狂欢。

以下是为了扭转这些冠冕堂皇又十分有力的社会影响时,你可以做的事情。

重新定义"正常"。让社会影响力支持你的最好方法就是让自己支持自己,不要再用你所处圈子的价值来评估自己的价值。拥有最多玩具的人不一定是最快乐的,消费和快乐之间没有关联。众多调查表明,比起 30 000 美元的涨薪,一点点锻炼会为你带来更多的快乐。

关于为自己重新定义"正常"这一点,最精彩的部分在于这样做会使得你免于各种不健康的社会压力。当其他人都在周末打高尔夫,其附带草地维护费已经超出你能够接受的范围,你可以大方地说"我不去",而不是让自己陷入痛苦的自我反省之中。学会接受简洁和坦率,这对你而言将是难以置信的解放!

开展一次转变性的谈话。对大部分人来说,让自己完全远离那些鼓励自己无度消费的朋友和家人有些太过分了。更加合理的选择是将共犯变成自己的朋友,这正是雪莉和泰森所做的。很明显,这是从他们成为各自的共犯时开始的。他们沉溺于冲动消费,想从中找到慰藉,甚至还互相煽动。幸运的是,他们对灰暗的未来"神游"了一番,这激励他们开展一次转变性谈话。最终一次谈话使得他们变成了朋友,互相承诺要一起实现财务健康。随后在计划和评估会议上,他们会真诚地赞扬对方坚持不懈,为还清的每笔债务和存下的每一笔钱庆祝。

随后,他们开始往更大的社会圈子发展。他们和家人、朋友以及同事讨论自己目前正在努力做的,以及寻求他们的帮助。他们建议家人之间少一些开销太多的家庭聚会,而同事之间的聚会则更换到一些更普通的地点去,尽量不要在商场或者步行街,因为每一扇橱窗内都藏着诱惑。于是他们开始在附近散步,在散步时他们会彼此分享一些减少开支的建议、购物推荐以及免费的娱乐场所。

增添新朋友。为了帮助他们联系到愿意在财务上参与帮助的人,泰森和雪莉发展了一个虚拟的"朋友圈",该"朋友圈"是由上百位和他们俩一样收听个人财务管理脱口秀节目的人构成的。结交这些远方的朋友给他们带来了意想不到的影响。其中一位听众来电发表的评价让他们俩几个月来久久不能释怀,这位听众是一位内心充满悔恨的年迈女士,因为她和丈夫当初对于规划他们70岁的生活一窍不通。她告诉主持人在食物和药物之间抉择是多么的困难,通常需要几周时间才能从药物中省出购买食物的钱。雪莉因为这一故事深受打击,因为泰森的心脏有问题,需要一些昂贵的药物。她对此深感担忧,比如说有一天他们需要泰森停药1周才能保证家里的汽车油箱加满油。这样一个素未谋面的女士在坚持计划这一点上对他们产生了巨大的影响。

来源五：改变经济模式

随着泰森和雪莉在实施计划上取得成功，其内在的激励作用也是巨大的，而这种激励就是一种控制感。他们还喜欢在家庭博客中记录自己的进步，每当有家庭成员理解完成目标对于他们的重要性时，他们便开始在视频上互相击掌，因为这对他们意味良多。

但他们依旧为这一方案设置了外在奖励。其计划很简单，每周只要他们坚持完成计划，就会奖励自己在周三晚上进行一次免费的两人约会。只有他们两人，一起度过一段快乐的时光。两人都惊讶地发现自己是如此喜欢这些一周中间的约会，并且尽最大努力不破坏在一起的时光。

记住，这是一种低风险且没有任何花费的奖励。他们并没有在购物商场里逛来逛去，而是在公园散步；他们也没有在外就餐，而是在家做饭，吃了一顿划算的晚餐。

来源六：掌控所处的环境

泰森和雪莉做出的某些最简单但也最有影响力的改变是顺应了天性的结果。他们对几个物理方面的因素做出简单的改变，而这些改变反过来对他们的成功有着巨大的贡献。随着时间的流逝，他们逐渐意识到，在实现财务健康方面，来源六会成为一个有力的同盟。

运用工具。这对夫妻使用了一种最重要的物理设备，即一个能够展示他们在每个预算分类下的余额的手机软件。并且该软件还能与总开支同步，因此他们能清楚地看到各个行为带来的连环影响。虽然这个软件听起来很简单，但作用却不容小觑。和很多坏习惯一样，购物成瘾同样也是因为毫无察觉。而手机软件帮助他们对自己做出的选择更加有意识，同时也帮助他们看到累积的作用。通过逼迫自己更加谨慎地选择，这个小巧且价格不贵的手机软件极大地帮助了他们加速改变。

专注于你的"自动驾驶仪"。泰森和雪莉使用了对自己的优势任其发展的策略，在阻力最小的改变之路上他们设置了"自动驾驶仪"，帮助他们做出积极的改变。

他们的计划基于优秀的社会科学成果，行为经济学家理查德·泰勒设计了一份退休计划叫作"明天存得更多"，参与该项目的人不必在今天做出牺牲，但需要同意将下一次薪水增加的部分或者全部放进401（k）退休福利计划①账户中。他们在涨薪前一年做出决定，然后到真正涨薪时他们发现自己根本不想念这部分钱，因为他们从没有适应过它②。当人们这样做时，事后往往倾向于不再去想它。他们设置了一种默认的情境，让这种默认情境朝着积极的方向发展。

这正是雪莉所做的。她要求自己的人事部门经理自动从她的薪水里划拨适度金额的一笔钱到自己的401（k）账户里，后来她又请求将自己涨薪的全部放进该账户。泰森在制订了自己的退休计划后也同样做出了这一承诺。自他们的"自动计划"以来，泰森已经为退休存了最大数额的一笔钱③，而雪莉也利用公司的匹配贡献得到了全部福利，这一切都让他们远离了一次次选择所带来的折磨。

修建栅栏。成年人和我们之前提到的5年级学生一样，在使用现金消费时都会更加谨慎。相反，信用卡、赌场的筹码等类似的东西总会让你

---

① 401（k）退休福利计划是美国在1981年创立的一种延后课税的退休金账户计划。
② 即涨薪的那部分已经放入账户，薪水还是保持原来的水平，故不用适应涨薪后的生活。
③ 这里的退休福利计划是有上限的，即泰森已经达到了上限。

觉得并不是在花自己辛苦赚来的钱，而像游戏币一般。因此泰森和雪莉设置了"现金栅栏"，这意味着，在 6 个月内他们都将使用现金支付所有账单。

事后证明现金支付确实十分不便，但却使这两位超级购物狂在对财务保持清醒上取得了很大进步。他们以"塑料手术"开始了试验，剪断了所有信用卡，只留下 1 张。并且他们更改了各个网站上设置的信用卡自动付款，反之假如他们想要网购，就必须使用一个能够快速连接他们活期存款账户的系统。通过做出一次性的决定，从这些危险的设备中摆脱出来，他们能更加容易地处理关键时刻。

管理距离。正如我们之前所解释的那样，雪莉和泰森远离了那些会诱惑他们花钱的场所，比如拒绝去昂贵餐厅或聚会的邀请。起初他们把自己的消费限定在杂货铺，并且依赖一张字迹稀疏[⊖]的购物单。

因为这对夫妻非常喜欢购买新的商品，所以距离策略很难开始实施。然而随着时间流逝，他们学会游览并欣赏新的地方。例如，他们的邻居给了他们俩一辆不怎么使用的双人自行车，在做了某些零部件的更换后，他们开始每晚骑 1 个小时的自行车。通过将自己置于有趣而没有花费的空间，他们避免了在财务方面犯下现实和网络上的双重罪孽[⊜]。

改变提示。泰森和雪莉想尽一切办法移除所处环境中的"消费提示"，不仅如此他们还增加了其他提示，使自己时刻关注两人的长期目标。他们张贴出图表，展示他们在还清债务上取得的进步；还制作了未来他们想要的没有愧疚感的生活剪贴画（房子、车以及度假）；甚至还更换了电脑主页

⊖ 指购物单上并没有太多商品。
⊜ 即在现实或网络中大肆购物。

照片和最喜爱的书签，移出所有的"消费提示"。

最终，为了省钱以及拯救地球，他们使用了一种将自己的名字从不计其数的收件人名单[1]中移除的业务。第一年下来，他们的邮件数量缩水了90%。而要真正摆脱邮件发送者[2]需要花费更长的时间，他们甚至十分迅速地清理了垃圾邮件文件夹里所有电子化的提示。再一次说明，他们做这些改变是为了摆脱购物的诱惑，避免自己购买不需要的东西。

而你呢

从3年前开始努力改变他们的财务状况至今，泰森和雪莉已经取得了巨大的进步。他们还清了车贷和信用卡，除了按揭以外没有任何债务。由于支付利息费用减少，现在他们每个月有一半的时间用以支付额外的费用（这节省了一大笔利息）。

现在他们已经成功实现了控制花销，其预算的方式是创造盈余而不是超支，泰森和雪莉一直在坚持金融大师们所推崇的关键行为。他们没有（也不再创造）信用卡债务，每个月坚持做预算，并且从自己的收入中扣除10%用以退休准备。

在他们的共同努力下，这对成功实现转变的夫妇形容自己"不只是快乐，压力也相对变小了"。他们第一次爱上了存钱，并且对未来的财务情况十分乐观。在共同解决问题的过程中，他们也收获了一份额外的惊喜：两人都相信，在通往财务健康之路上他们的伴侣关系也得到了强化。

---

[1] 指在各种购物网站注册后会收到关于产品促销等信息。
[2] 指各种网站会依旧保留注册者信息。

和大多数正在努力摆脱债务的人一样,增加储蓄,然后以各种方式失败,面前并没有一条康庄大道可以直达成功。他们也遇到过挫折,和我们一样,他们必须学习并且做出调整。他们明白这是一个持续的过程,但这一过程为人熟知、经过验证且高效有力。

这意味着你也同样需要找到方法来减少消费,增加存款。你可以通过学习怎样开始做来克服戴夫·拉姆齐所说的"大部分人知道怎么做,但就是不行动"的情况。决定你真正想要的是什么,辨明你的关键时刻,创造自己的关键行为并专注于6种影响力来源。一旦你这样做,就能够实现财务盈余。开始行动吧,你能改变一切。

| 成 瘾 |

如何重掌生活

你不用非等到年迈或者精疲力竭后才相信,一旦对某种东西上瘾(比如赌博、吸食可卡因),要戒掉它并不容易。研究表明由于某种依赖性,你的大脑会发生不可逆的改变,并终生影响你感受快乐的能力,更不用说滥用慢性药物会破坏你判断和行为控制的能力,使得戒掉它更加艰难。

当你审视"成瘾"这一词时,其本身就十分抑郁。你也读到过关于"奴役"和"愉悦感"的文章,一旦这两者被打断,会导致创伤、渴望、易怒和抑郁的情绪。当你想到成百上千的人每年死于各种成瘾相关的疾病,或者当你听到姑姑萨利说起自14岁开始吸烟以来尼古丁给她带来了怎样的束缚时,你会在心里想"有人能够真正摆脱成瘾吗?"

但目前很少有关于成瘾且内容更加积极的文献出版。当你从标题转向学术期刊,你会发现几乎所有的瘾君子都痊愈了,并且大部分人都是凭借一己之力。

1970年的一个案例证实了这一令人惊讶的好消息,美国政府翘首以盼

69 000 名从越南归来的士兵，他们都在越南染上了海洛因。而国家领导人担忧医院和监狱会因为这群染上毒品的士兵而水泄不通，其实到最后这样的问题也从未出现过。事实上，88% 被诊断为重度成瘾的士兵从越南归来后不久就戒掉了毒瘾。

这一令人惊叹的转变并非偶然。多项研究表明事实上大部分人都克服了自己的成瘾，而这其中大部分人并没有接受任何医疗干预。现在问题来了：为什么会发生这样的情况呢？为何这么多士兵甚至普通市民最后能够成功克服诸如吸烟、海洛因成瘾这一类棘手的问题呢？

正如你所猜到的那样，其中诸多原因藏在本书前面的内容中。克服成瘾的时间轴并非根据疗养中心的日历、遗传差异或者成瘾背后潜在的力量来设定。相反，是由个体运用这 6 种影响力来源来帮助他们改变习惯的速度所决定。

思考一下从越南归来的这 69 000 位海洛因成瘾的士兵，回国这一行为完全颠覆了从前支持他们吸毒的 6 种影响力来源。士兵在军队中用自己的军靴交换彭妮休闲鞋时，没有人朝他们开枪，后来他们的兴趣从地雷变成了进入大学读书。几个月后，几乎所有人都放弃了吸食史上毒瘾最强的毒品（海洛因），因为 6 种影响力来源发生了改变。

比起这些归来的士兵，那些从典型的高档疗养院归来的人在连续 6 周的咨询和毒品隔离后，回到家依旧面临和从前同样的诱惑、同样的共犯以及从前遗留的问题，这导致大多数疗养中心的戒毒成功率非常低。

以上这些例子传达的信息应该是清晰且带有鼓励性的，但我们并不是指疗养中心在帮助人们克服成瘾方面没有价值。对于某些人来说，疗养院在教会他们一些技巧方面发挥了重要的作用。但疗养院给你制定 6 种影响力来源时并不能代替成为专家以及研究对象这一策略。你应该学会怎样从朋友和外部环境等方面获取力量以帮助你克服成瘾。

要有耐心

在我们寻找帮助你克服特殊成瘾的工具之前，首先让我们看看你的习惯到底为你带来了什么。从一位专家的角度研究自己，你就会知道目前你需要解决的问题。

改变从你的大脑开始。随着成瘾逐渐攫取了你的大脑，某种微妙而深刻的东西已经在其中发生改变。你认识的大部分人并不知道你的思想发生了什么变化，因此他们错误地指责你是因为成瘾给你带来了罪恶的快感，所以才姑息它。对于不知情的人而言，你确实不能抵抗成瘾给你带来的快感，本质上他们是跌入了意志力陷阱。

然而，大脑方面的研究揭开了某种东西的真面目，你能感受到它，却没有意识到是什么。你不断接触它以至于最后成瘾，这一改不掉的坏习惯已经不再是由于寻找快感，而是寻找别的什么东西。而50年前两位年轻的科学家终于揭示了坏习惯所寻找的东西到底是什么。詹姆斯·沃兹和皮特·米勒起初的方式是在老鼠大脑内部进行修补（各个地方），更具体来说他们想通过定位描绘出大脑各个部位的各项功能（当时人们对此一无所知）。

为了得到这一宝贵的信息，两位研究者发明了一种方法，即将电极插入老鼠头盖骨的不同区域内，然后注入少量电流。这一实验当时几近失败，大脑的很多区域对电流根本没有任何反应。

正当两位科学家快要宣告终止实验时，他们发现其中一只老鼠的行为比起其余老鼠有很大不同。这只老鼠一旦被施加这样的刺激行为后，开始不停地想要索取更多。更进一步检查后，这两位科学家了解到这只特殊的老鼠的电极落在了大脑的原始部分，即现在被称为"间隔区"的区域。

受到这一有趣的影响所鼓舞，两位科学家又将电极连接到几只老鼠的大脑"间隔区"，然后建立了一个杠杆系统，每只老鼠可以控制电击以及其伴随而来的喜悦。没过多久老鼠就不停地推着杠杆，其中很多老鼠对杠杆及其带来的感受十分着迷，因此它们一直推杠杆直到最后在饥饿和疲累中瘫倒在地。

这并不意外，沃兹和米勒得出结论认为，这些老鼠彼时其实很快乐。无疑这些锯齿类动物当时正在让自己进入一种狂喜的状态。很多脑科学研究者在后来重拾了他们的研究，不久以后又发现了这和人类成瘾之间的关联。几十年来，科学家假定瘾君子和这些连接到杠杆系统上的老鼠一样，是受寻求快乐的欲望所驱使。

换句话说，后来的学者将电极插进人脑并进行一系列对鼠脑无法进行的操作后，他们询问了这些人当时有什么样的感受，其一结果即如今十分重要的发现。当这些人类研究对象解释在"快乐中枢"被刺激时自己的感受时，并没有使用"快乐"这个词，他们选择的词是"需求""渴望"以及"强迫"。这之间有着巨大的差异，当涉及人类时，当年沃兹和米勒首次在老鼠身上所观察到的强迫性行为更多的是与"欲望"有关，而非"快乐"，这就好像挠痒一样。

沃兹和米勒在研究中所得出结论的其中一方面是对的。尽管成瘾有多个方面，酒精、吸烟、色情、赌博、滥用海洛因、沉迷电子游戏、疯狂购物、暴饮暴食等,但它们无一例外都与大脑中的"间隔区"有关。另一方面,这两位研究者是错误的。随着时间流逝,持续沉迷于某种"瘾"的动力会由最初的"寻找快乐"变为"满足渴望",更糟的是,反复使用某种上瘾的东西或者进行某种上瘾的行为,大脑的"间隔区"会发生变化,导致对渴望的强化并持续下去,因而欲望更难满足且带有强迫性。

这种制造欲望的机制帮助我们解释了为何几乎过半的曾经历过早期肺癌手术的吸烟者会在1年内重拾香烟,这也是为何普通酗酒或毒品滥用者会在戒掉后4～32天内重蹈覆辙,尽管他们痛恨这种行为给自己的人生带来的后果。即使瘾君子受到健康警告,他们也不会因此而放弃得到毒品带给他们的快感。况且,他们重蹈覆辙的原因也不在于此,而在于他们正在抵抗某种来自大脑"间隔区"的一种极度不安的冲动。

所幸这一短暂的历史回顾会帮助你从正确的角度看待你的计划。研究表明你可以真正摆脱成瘾,并且可能并不需要某个昂贵的疗养中心,同时,显然你必须要有耐心。改变需要你克服来自大脑深处的强烈欲望。而这需要时间,以及几种策略。最后你还需要积累6种影响力来源的影响以帮助你远离"瘾",同时你需要从大脑已经做出的潜在调整中恢复过来。

但你要始终心怀希望,延迟满足并不会永远困难。研究表明随着时间流逝,戒断症状会逐渐消退。下一个月总会比这个月轻松,下下个月会更加轻松。1年以后或许你还会有飘忽徘徊的欲望,但必然伴随着不一样的感受。

在你的欲望减弱甚至消退时,你可能会看着从前的诱惑,对它们心怀好奇又觉得恶心,而非像从前一样沉迷其中。这和前面吸烟者的例子一样,一旦他们改掉了这一习惯,就会难以忍受烟草的味道。而在其他方面也是如此,你的确能够学会厌恶你从前为之沉迷的事物。

辨明你的关键时刻

现在让咱们回到你所上瘾的东西上,看看你可以做些什么来克服它。为了达到这一目的,我们需要追随我们的一位改变者——李,他曾经耗费10多年的时间挣扎于改掉每天抽2包烟的习惯,严格来说其实是3年。尽管李的改变之路比起你想象的要长许多,但他的经历依旧为我们提供了线索,告诉我们怎样终止成瘾,怎样比他做得更快。

李第一次想要戒烟是在一次感冒后,他患上支气管炎的时候,他没有借助任何含尼古丁的替代品或者辅助直接停止了吸烟。他的改变在1周内宣告失败。当时他正在一个酒吧,和一位正在吸烟的朋友喝酒。当这位朋友点燃香烟时,李也同样这样做了,然后就一直没有停下来过。几天内李就重拾了自己的坏习惯,在那以后1年内他拒绝再次戒烟,仅仅是因为他深信自己缺乏意志力,必然会重蹈覆辙,而不是认为这是自己计划不周导致的必然结果。你或许曾经做出尝试但失败了,所以想要放弃,于是也得出过这样错误的结论。

李的问题在于他的计划。首先他没有认清自己所面临的关键时刻,驱动他戒烟的仅仅是一个独立的事件(和支气管炎的较量),而这一事件很快就成为过去;他没有制订一份包含6种影响力来源的坚实计划,因此他会在关键时刻被诱惑蒙蔽了双眼。由于他不断地自责自己缺乏恒心和自制力,跌入了意志力陷阱,所以他选择了屈服于挫折。

但后来李的计划慢慢发生改变,他日益长大的孩子开始问他为什么会吸烟。考虑到不能给他们做一个反面教材，他决定从头再来，并不是从头开始责备自己，而是重新制订改变计划。

李首先认清了自己的关键时刻。他意识到尽管自己很想在每天大部分时间里不吸烟，但在很多时候或很多情境下欲望都太强烈，以至于他难以忍受。他的关键时刻有饭后、工作休息时间、家人或朋友吸烟时、他喝酒时。

在李专注于自己的改变计划时，他偶然遇到了一位朋友，这位朋友给他的计划提供了重要的帮助。李向他的这位朋友蒂芙尼描述了自己的关键时刻，但她却说道："你正在努力改变自己在关键时刻的行为方式，这一点固然很好，但为什么不一开始就尽力避免这些时刻的出现呢？为何不买块贴片⊖？"

李一直认为贴片或者尼古丁口香糖是一种投降的标志，这也是他向蒂芙尼所表达的。他们聊得很投机，突然李以一种鄙夷的口气说道："贴片就是拐杖罢了。"蒂芙尼微笑着看了他几秒后说道："没错，但什么样的傻瓜会在自己腿已经摔断的情况下还拒绝拐杖呢？"

于是那个下午，李就买了一些"贴片"回来。

这里的教训在于，在你认清自己的关键时刻之前，无论使用什么资源都要保证最小化其危险值。突然戒除海洛因、巴比妥酸盐等药物和长期使用的酒精会导致痛苦甚至危及生命的反应，不应该在没有任何帮助的情况下进行尝试。

⊖ 贴片，用于克服戒烟过程中产生的脱瘾症状，其使用方法为将一块含有尼古丁的贴片贴在皮肤上，其原理是贴片内含有的尼古丁会被皮肤吸收，进而减轻人因为脱瘾而带来的焦躁、烦闷等不适症状。

所以考虑一下拐杖，当你的大脑成为自己的敌人，你有资格使用拐杖，就像任何人因为胫骨骨折而不得不蹒跚行走一样。寻找一位外科医生为你推荐或者开减轻戒断症状的药物。

正如前面已经说到的那样，需要知道克服戒断症状和改掉习惯本身并不一样。事实上，戒断症状在持续上瘾的过程中发挥的作用相对较小，正如腿断了用拐杖不能治好。使用贴片或者类似功能的东西只会让你处于更好的状态，能够开始培养可以改变你生活的习惯。在之后我们会看到，李所面临的难题在短期的帮助下并不能成功。从长远来看，你需要认清自己的关键时刻、创造关键行为，以及将 6 种影响力来源以对自己有利的方式，运用到其中。

创造自己的关键行为

创造自己的关键行为最快的途径在于从 3 种和战胜成瘾有关的典型行为开始。通过这样的方式，你可以找到自己的关键时刻，然后量身定制相应的关键行为。

1. **拒绝**。仅仅通过拒绝就能够抵制诱惑，但实际上抵制诱惑几乎是不可能的。将拒绝放在首位是很重要的行为力量，把它和 6 种影响力来源相结合，最终你会受到鼓舞并学会拒绝。

2. **专注于不相容的活动**。这一高杠杆作用的行动并不明显，它需要你分心。成瘾心理学家斯坦顿·比尔建议，正在恢复过程中的瘾君子专注于某种有意义的活动的同时，还要做一些和目前的"瘾"不相容的活动。戒除"瘾"会留下鸿沟，因此用那些不相容的活动填满这一鸿沟十分必要，这些活动能够吸引你的兴趣，消磨你的时间，帮助你取得更大的成就，并使你发现再次屈服于从前的欲望变得困难。

我们无法确切地告诉你适合你的分心策略是什么，但我们可以从密米·斯贝特那里学到些什么。她是旧金山德兰西大街的负责人（这个住宅项目旨在帮助被定罪的罪犯和吸毒者改变他们的生活），而德兰西大街运动的成功率超过了90%，因此在密米讲述的时候，我们都应该认真聆听。

"你必须让他们不再去想各种各样的'瘾'，"密米建议道，"他们一生大部分时间都在思考一件事，那就是自己的需求和欲望，因此我们会安排每位居民互相照顾，随着他们学会照顾他人，他们填补了从前的'瘾'带来的空虚。"

因此，你应该通过关注他人的需求和挑战来避免聚焦于自己的渴望。举个例子，李开始撰写一个博客讲述他的康复之旅，并且也帮助他人做这件事情。几周后，李的故事得到上百人关注，其中很多人加入到他的队伍中，改掉自己的坏习惯。每天专注于博客撰写分散了李的注意力，通过这样的方式他不仅让自己从想吸烟的欲望中分心，也提醒了自己一开始为何想要改掉吸烟的习惯。

第二个关键行为以另一种方式发挥了作用。正在恢复中的成瘾者通常会花费大量时间来责备自己和被他人批评，自尊也因此受辱。然而，一旦他们帮助他人取得成功，无疑也会帮助自己在赢回自尊之路上取得巨大进步。

3. 保持旺盛的体能。这是克服成瘾的第三个关键行为，尽管没有科学定论加以证明，但当代对大脑的研究前景如此蓬勃，如果加以忽视未免太过愚蠢。前沿的科学建议在你开始制订自己的改变计划时，将体能活动包括在其中。你可以尝试步行、跑步、游泳、爬楼梯等各种有氧运动，它们都会有所帮助。

这些体能锻炼会怎样帮助戒除成瘾？回想一下在你欲望来临时你的症状是什么，紧张、焦虑、手心出汗以及胃部不适。绕着街区快步行走会帮助你减轻大部分症状，并且也会帮助大脑内部电路重新启动。如果电路不重新启动，瘾将无法戒除。

专注于 6 种影响力来源

来源一：爱上你所厌恶的东西

李承认他很喜欢吸烟，但并不热爱，同时他也无法想象不吸烟会怎样。无论何时，一旦超过 2 个小时不吸烟，他就会开始感到神经质、心烦意乱、焦虑不安以及疲惫。他说如果没有烟，自己就会"发疯"。那他是怎样开始爱上没有烟的生活的？

李一开始就经历了严重的脱瘾症状。研究表明，如果人们逐渐减少成瘾物的使用或者使用某种替代物疗法，最后极有可能成功戒除。因此，李使用了贴片，后来又使用了尼古丁口香糖来克服脱瘾症状。当然，这只是一个开端，但它使个人觉得改变变得更容易，同时充满动力。

为了增加个人动力，李思考了他长期的抱负以及吸烟在其上发挥的作用。他讲述了关于自己为何想要戒烟的一个完整而生动的故事。首先通过写作展开："我想戒烟的原因在于，通过戒烟我能感受到健康以及生机勃勃的感觉，并且和自己的孩子以及孙儿济济一堂。"这一描述有些平淡无奇，因此他通过引入一位关键的提醒者：默认未来，使之变得更加生动形象。

李将自己抱着宝贝女儿的一张照片设置为手机壁纸，对于大多数人来说这仅仅是一张关于他和某个所爱之人的温情一刻，但对于李来说由于其背后的故事，这张照片时刻闪耀着表明自己决心的光辉。

下面是完整的故事。在李的妻子拍下这张照片后，李将手里还在燃烧的烟头递到嘴边。因为调整姿势和拍照花费了好几分钟，烟头尾端燃烧后剩下的灰也积得有些多，因此当他将烟头再次放进嘴里时，烟灰掉了下来，掉在了女儿仰起的脸上。他感到很难受，甚至想到自己的习惯在以后又会以其他各种方式影响女儿，不禁心情变得更差。

李将这张照片设置为壁纸，然后又在自己的动机陈述中加上了一句话，"丑恶的现实是，每当我想要拿起1支烟开始吸时，我就将这支烟放在女儿面前。"这一苛刻而又不讨喜的陈述帮助了李在受到诱惑，想要点燃1支烟的关键时刻，讲述一个完整又生动的故事。

接下来，为了帮助他改变目前对于各种决定的感知，李承诺，每次他要点燃1支烟之前，都必须先注视手机上的照片30秒钟，并且读一遍自己的个人动机陈述。如果做了这些之后，他依旧想抽烟，才可以抽。

李还使用了价值判断词语来应对他偶尔为自己找的借口。无论何时他被香烟所诱惑进而想点燃1支时都会说："我只抽1支烟。"他也会这样说，"那我又会沦为一个臭烟鬼"，以此来打消这一想法。有时他会不自觉地想"我想吸烟"，但又会说出声，"我不想再做一个烟枪！"他发现对这些想法做出有声而具体的回应确实会改变他对自己选择的感受。

挣扎了1年后，李接到了一通从前一位老友拉乌尔的电话，准确来说这位朋友是他以前的一位烟友。突然有一天，李曾经工作的公司规定公司禁止吸烟，这使得他和其他烟友不得不在休息时间到公司后面的巷子里吸烟。从前不怎么经常一起出入公司的人现在开始形影不离，尽管乌拉尔比李年纪大了近 2 倍，但他们依旧成了好哥们儿。

  3 年以来，一直到乌拉尔退休，他们都在讨论戒烟一事，但也只是说说而已，并没有取得任何进展。乌拉尔此次来电是想询问李是否知道从前他们一位烟友的电话号码，然后谈话开始转向询问彼此的近况。乌拉尔刚刚做了肺部手术，且在康复中，情况并不乐观。李灵光一现，似乎感受到了自己的默认未来会是怎样。每当他感受到吸烟的诱惑时，就会想起自己绝望地躺在医院的床上。

  李也在专注于怎样变成一个全新的自己，方法是发现成为一名无烟者会给他带来哪些机遇。他决定在父亲、丈夫的角色之外，再创造一个新的角色，那就是成为一名远足者。他的妻子和女儿对于全家新的周末旅程都感到十分兴奋。他从书中了解到锻炼是一种抑制吸烟的有效方式，而事实证明这篇文章是对的。在李的登山途中，他从未感觉到神经质、烦躁以及其他脱瘾症状。

  李所使用的激发动力工具中最重要的一项是采取全局策略并使之成为一场比赛。他不再认为放弃是最终的结果，而开始把计划分解为小的胜利。他的计分规则是只要一天不吸烟就可以得分，而就像在任何一场精彩的比赛中一样，他一直在得分。他设计了一张表格，悄悄地贴在了自己的衣柜里。每天他都会在表格上画一个 ×，表示自己已经连续赢了多少天，然后他又会设定下一个目标，即继续保持一天不吸烟。将其看作每天面临的挑战，而不是永生的挣扎。这给了他希望以及决心，极大地提升了他的动力。

  随着李创造各种策略以帮助提升自己改变的动力，他对于渴望的感受也发生了变化。只要坚持1周没有重蹈覆辙，他就会感到十分自豪和满足，即戒烟开始变得愉悦而非痛苦。

来源二：做你不会做的

当李完成了在能力和知识方面的技能扫描后，他意识到自己对于成瘾所知甚少。因此，他开始阅读一些畅销书，浏览一些网站，然后和自己的医生交流，最终他对于自己所了解到的情况十分惊讶。举个例子，他曾经认为只要自己熬过了脱瘾症状，就可以成功戒烟，但现在他才明白，这种对香烟的渴望，在某种程度上可能会在脱瘾症状结束后继续存在。既然知道了这一点，那么在未来他也不会对此惊讶。

李还了解到大多数吸烟者以及各种瘾君子都会觉得抑郁，即使是沉迷电子游戏的孩子也是如此。并且，抑郁还是康复的一大障碍。李并没有想起自己有抑郁的时候，但当他和妻子谈起此事时，他们决定每晚回顾对方一天过得怎样，并且做到知足常乐。

最重要的是，李开始逐步学习意志力技能。他发现自己不断处于各种诱人的环境中，他也在采取策略来快速应对这些情境，而其中大部分策略都包括了分心策略。举个例子，李了解到自己的欲望有顶峰和低谷，最强的顶峰一般持续20分钟左右，因此李借此找到了在欲望消退前可用于分心的活动。他也在反吸烟的工具箱中加入了锻炼，其中有跳绳、开合跳或者只是跳动来使心率加快，然后大口喘气。为了更进一步使自己分心，如果某个家庭成员在他身旁，他就一头扎进他们正在做的事情中去，他会帮助大女儿做家庭作业，或者和妻子聊聊今天过得怎么样。

戒烟几个月以来，李发现他能够利用魔术减轻自己的欲望。部分人的烟瘾是触感上的，而李就渴望手指能夹一支烟，因此他将这一强迫性的动作用于学习近景魔术。他把卡片和硬币放在触手可及的地方，发现自己可以在刻意练习 20 分钟后掌握一门新魔术。他拒绝糊弄或通过吃东西的方式来满足对手指夹烟的触感的渴望，尽管他知道很多人都通过吃东西来使自己分心，但他并不想长胖。

来源三和四：把共犯变成盟友

李的妻子自怀上孩子之后就戒掉了烟，明显她想要李也戒烟。然而，她并不想成为一个整天唠叨的人，且李也不想整天被唠叨。在几次尝试跟李提起这一问题却失败后，李吸烟这件事就变成了不可言说的事情，只要他一点烟，她就保持沉默。

这真是愚蠢，两人本可以找到坦率又尊重对方的方式来聊这件事。李开展了一次转变性谈话，他和妻子一起坐下来，向她解释自己的计划，然后向她寻求帮助。为了避免再次唠叨，他们一致同意由妻子为他明显感到快乐的进步庆祝，以及每天结束后询问他一天做了什么。

李为了疏远两个不情愿帮助他的人而与他们进行了谈话。其中之一是他的父亲，一位固执的老烟鬼，他家距离李的家只有几个街区的距离。李并不想使自己的行为冒犯到父亲，因此向他解释了自己需要在他吸烟时远离他，但作为一个孝顺的儿子他一直会伴父亲左右。令他惊讶的是，父亲很支持他，并且说他的孙女应该生活在干净的空气环境中。

李的第二位谈话对象是目前工作中的烟友，任何时候你想抽烟，都可以问这些人要 1 支。李担心自己的退出会冒犯某位同事甚至朋友，但其实这些人比李想象中更理解他。和大多数人一样，他们并不嫉妒某个人放弃某个被大多数人认为不健康的习惯。

通过加入某个组织周末远足的户外俱乐部，李又结识了新的朋友。该俱乐部基本上是由一群不吸烟的人构成的，将李和他的家庭引入了一个全新的户外运动爱好者圈子。回顾往事，李再次对一群新朋友的影响力有多大感到惊讶。

自改变计划 1 个月以来，李感到自己有足够的勇气在自己的脸书主页上发表声明，让 213 个好友都知道他正在戒烟，并且每天会汇报自己的 3 个关键行为。最终这份报告变成了一个简单的数字，即他成功度过了多少天"健康生活"。过半的朋友会经常在他的主页上留下积极的反馈。李逐渐开始期待每晚的汇报，并且在白天工作时也会偷偷查看自己的账户，因为看到这些蜂拥而至支持他的评论会让他感到十分满足。

来源五：改变经济模式

李使用胡萝卜加大棒的策略，告诉女儿自己正在让钱打水漂，以下是他改变经济模式的方式。李计算出自己每天在香烟上会花费 5.5 美元，因此他去银行取出一沓总共 40 美元的钞票，告诉女儿们："我们会把 40 美元花在每周家庭出游以及其他好玩的事情上，但前提是我没有花钱买烟抽。"

每周五晚上全家会坐在一起讨论李做了什么，而李总会小心翼翼地坦白自己出现了哪些失误，这为女儿做出了诚实比成功更重要的良好表率。如果一周的哪一天他抽烟了，他就会从用于娱乐的资金中拿出 5.5 美元，然后全家会计划用剩下的这些钱周末出游。每当李要点燃 1 支烟时，他就会想象出女儿有多么沮丧，这也帮助他抵御了诱惑。

几个月以来成功终于多于失败，李和妻子决定开始为无烟的未来投资，方式是利用损失厌恶。他们取下了带有烟草味的窗帘，把家里的地毯仔细清洗了一番，还扔掉了李吸烟时专门坐的那把椅子。然后购买了新的窗帘，换了一把椅子。如果李重新吸烟，那么这一切都将毁于一旦，对于他来说，就好像是在擦除从前的人生，开始迎接新的未来。

来源六：掌控所处的环境

有时瘾君子通过改变所处环境来将旧习惯抛之脑后，他们进入某个住院治疗中心，或者迁居到国内其他地方。但你不必如此热衷于利用有强大力量的事件。有时现实世界中小而简单的改变都会在将环境变成同盟的过程中起到同等的作用。

举个例子，李立刻在自己和香烟之间设置了一道栅栏。他和家人开始了"边找边扔"的任务，把家里翻了个底朝天，目的在于找出香烟、烟灰缸、打火机以及其他与吸烟有关的东西，并扔掉它们。李还翻找了车里和自己工作的地方，以确保任何地方都没有香烟存在。

他们专注于移除促使李吸烟的提示，这就是为何他们会更换掉他吸烟经常坐的那把椅子。他在家里的储酒处旁边张贴了一张标志，上面写着"饮酒≠吸烟"；他还在以前经常放烟灰缸的地方放上了一副扑克牌，每当他坐下，一副牌会让他的手闲不下来。

最后，李还利用了工具。正如我们之前说到的那样，李使用了手机和电脑来提醒和鼓励自己改变。在饭前等待时（这时他知道自己有时间吸烟，且总是有欲望），他会拿出手机翻出一张孩子的照片，或者林中行走的人的照片，或者一群躺在医院病床上的人的照片，等等。

而你呢

上万名美国士兵在颠覆自己所处的环境之后成功戒掉了强劲而有力的海洛因毒瘾。一旦你使用了6种影响力来源，这也会是立刻发生在你身上的事。

大部分人采取的路线更加迂回，而李也同样。为什么？因为和大部分人一样，李发现他使用的很多策略要经过很长的失败和错误的旅程最终才能成功。每当他遭遇挫折，李并没有放弃或者灰心，而是认真检视新的关键时刻，最后提出相应的策略。

现在你应该在摆脱成瘾之路上也有了属于自己的加速方式。你需要具备的最重要一点不是我们所描述的具体策略，而是学习新策略的方法。举个例子，你知道你需要更多地了解自己的关键时刻，以及其相应的关键行为和对你起作用的6种影响力来源。在你聆听他人克服成瘾的例子之后，留心他们建议你使用的3种策略。他们有帮助你发现新的关键时刻吗？他们有分享某种把共犯变成盟友的巧妙方法吗？以这样的方式组织学习，会帮助你真正学会并改变，速度也将更快。

不要单打独斗。记住这一点，如果你的挑战是对某种物质成瘾，那么让外科医生检查一下身体尤其重要。即使在你逐渐戒除成瘾的同时，饮酒和毒品带来的坏结果也同样需要加以控制。总而言之，保密协议和医患特权法使得你的医生参与，甚至在干预成瘾过程中加入某种违法药物也是安全的。即使你的成瘾仅仅是行为方式方面的，医生和临床医生也能够在最初的几周或几个月为你提供帮助你缓解部分消极症状的工具。

记住，你也必须遵守定律，没有例外。大部分人在学习怎样戒除成瘾时，他们很快就发现，和我们分享的这些成功故事中的主人公不一样，他们不必花费如此大的功夫。相反，他们可以使用自己的超能力来抵抗成瘾，只在我们所提到的材料中选择一两则策略使用。这没问题，和自己的好朋友进行一次促膝长谈加上几个月的坚持不懈，其效果也还凑合，但这样他们又一次沦为了意志力陷阱的受害者。

不要再自欺欺人了。你也是普通人，这意味着在克服问题时你也有需要遵守的规则，没有例外，也必须通过6种影响力来源击中要害。记住，你不利用的任何影响力来源都有可能阻碍你。尽管制订一个更加坚实的改变计划需要更多的任务，但长期来看，你需要经受的挣扎和失败也会更少。

| 关 系 |

如何通过改变"我"来改变"我们"

下面的内容是为了那些相信只有改变了自己的行为（而不是伴侣的）之后，与伴侣之间的关系才会有极大提升的人所写的。毕竟，这是一本关于自助的书，而不是为了改变他人。

如果你现在脑子里想的是"什么？改变我自己根本不会修复我们的关系，我又不是关系中有问题的那个人"，请继续读下去，然后再做出你的决定。

我们知道很多人都会选择跳过该内容，因为根据我们在"改变一切"实验室中的研究，在关系中遇到问题的人超过90%都坚信关系中首要的问题在对方身上。由于我们的调查在某些关系中是由伴侣双方共同填写的，因此这个数字（90%）依旧存疑。

在想清楚该话题是否适合你之前，请先暂时放下你的疑虑。

为了吸引你的好奇心，我们先分享那些人类天性中十分有趣而对于双方关系又十分重要的信息，这样你就会更加迫切地想要了解更多。当然，我们是指在结肠镜检查领域的重要发现。没错，当涉及最重要的关系时，结肠镜检查能发挥很大的作用。

这一好奇心的迂回之旅始于诺贝尔奖得主丹尼尔·卡内曼对结肠镜检查的患者在未麻醉过程中进行的评估。其结果相当出人意料，事实证明人们的舒适程度几乎与他们在这一令人尴尬而不适的检查过程所遭受的痛苦程度无关，而唯一相关的是结束时的痛感（很遗憾）。

卡内曼描述了 2 次结肠镜检查。第一次是在自然情况下，他没有控制检查的时间长度，但每 60 秒就让这些人评估自己的痛感。有趣的是，检查持续的时间并不能预测最后对于痛苦的感受，相反，整个过程中最强的痛感和最后几分钟的痛感能够预测最后的结果。

在第二次试验中，卡夫曼让外科医生在最后 60 秒将探测器放进肛门里而不做任何移动，最近的这一次操作⊖对于痛感的记忆有巨大影响。当整个检查过程结束后，试验对象回忆起这一经历并没有感到十分不愉快。事实证明，人类评价大部分人经历（包括结肠镜检查）的方法不是基于整体或者回溯全部的经历，而是基于最后几分钟的感受。

这和你的关系有什么关联吗？有很多关联。你对于日常关系的大部分感受来源于让你怒火中烧的短短几分钟。举个例子，当你询问人们婚姻的感受时，他们很少会基于整个经历来得出结论。可能他们待在一起的 100 个小时里前 99.5 个小时和睦温暖，但如果最后 30 分钟相处得不太顺利，人们就倾向于根据刚刚半个小时的记忆来描述整段关系，而非全部的 100 个小时。

⊖ 结肠镜检查因为探测器的移动本身会令人不适，如果其探测器不移动，不适的感受也会相应降低。

举个例子，考虑一下工作关系。如果你的上司是一位很理性、懂得克制甚至大部分时候很和蔼的人，每 3 个月会有一次变得很愤怒以及言辞尖利，这看似随机的行为就会给一切经历都蒙上一层不愉快的色彩。

"但 3 个月以内我从未发过脾气，"你的上司和一位朋友解释道，"为什么人们在我身边都会战战兢兢？"因为在一两次爆发之后，其余所有正常的互动都会让人感觉紧张，直接的报告似乎都会引来上司的抓狂。不到 2% 的行动会影响其余 98% 的行动。

在家里也是如此，辛酸的负面情绪会代表整个关系。关系学家洛可尔·科夫和约翰·哥特曼采访了一些夫妻，来了解什么会为彼此的关系带来幸福，他们发现美满的夫妻往往叙述的是他们快乐的时光，即使在艰难的时候也会看到好的一面。相反，关系不好的夫妻总是以一种消极的眼光看待过去，而将额外的快乐时光理解为痛苦的暂时停止。

辨明关键时刻

为何有些夫妻回首婚姻关系的时候，总是通过一种消极的眼光来看待一切，而其余的却是以一种温柔的情绪进行回忆？如果卡内曼是对的，这是由于他们总是着眼于小的、尖刻的或者其他最近的经历，但到底是哪种经历呢？

著名婚姻学家霍华德·马克曼开展了一项关于婚姻幸福的研究后发现，有 4 种具体的行为能够预测哪些人在婚姻中保持快乐，而哪些会在悔恨和相互指责中度过，其准确性高达 90%。

根据马克曼的观点，你不必记录夫妻在一起度过了多少快乐的时刻，因为好的关系和不好的关系数量相差无几。相反，要看夫妻吵架的方式，这是需要我们仔细检视的关键时刻。更具体来说，注意马克曼所说的"天启四骑士[一]"，这4个能够准确预测的行为分别是批评、防御、蔑视和阻碍。在吵架中一贯依赖于这4种有害策略的夫妻很难在关系中保持幸福。

你会注意到，马克曼所说的"骑士"中3位都可以看作是心理暴力，更直白地说，他们似乎都能准确地预测出不满的情绪即将出现。很难有一边攻击他人，一边还能够对关系保持满意的人。相反，最后一位"骑士"（铁石心肠）的形式是沉默，其重要性很容易被忽视。但这是错误的，沉默也同样能够准确预测不满的情绪。相关研究表明，只有40%的离婚是因为经常性且激烈的冲突，反而是那些通过激烈的方式发泄、通过回避对方的方式来回避冲突的夫妻随着时间流逝其友好关系会更容易逐渐消失，夫妻关系也会逐渐变淡。

解决交际问题的课程培训经历不断地告诉我们，哪怕是细微甚至是琐碎的行为改变，都会使互动失败。当我们在指导演员怎样将某一幕中的互动由愉悦变为辱骂，并不会直接教他们由笑脸相迎转为大吼大叫或者将提醒变为威胁。反而，小幅度的下巴收紧、眉毛挑起、嘴唇扭曲，结果会大受影响。虽然面部表情、磨牙力度、音量等变化都十分细微，但它们带来的影响十分深远。

其他微小的行为也会有十分积极的影响。举个例子，犹他大学的心理系教授蒂莫西·史密斯聚集了150对平均婚龄36年的夫妻，他要求这些经验丰富的夫妻讨论某个他们很难解决的话题。很多夫妻提到，有关家务和开支的交流总是让人充满压力，而且没有人喜欢这种交流，但如果在近

[一] 即《启示录》中的四骑士：瘟疫、战争、饥荒和死亡。

40年的努力中还没弄明白这些交流因何而起，那谁还能责怪他们呢？

有些夫妻总会做一些其他夫妻没做的小事，即使在谈话中有些火气冒出时，也偶尔会有一些暖心的表达方式。有时可能是在表达沮丧时加上某种前缀，例如，"亲爱的，我真的不明白你在说什么"，而其他人则会在谈话中步步逼近，或者短兵相接。

史密斯发现这些小的举动与关系中的幸福感密切相关，并且和减少心脏病发病有某种联系。让我们聊聊关键行为！

我能成为我们关系中的关键要素吗

在3个朋友先后经历了离婚后，帕特里夏也开始考虑离婚。突然间这一选择变得可行，曾经她挣扎了很久，无法决定自己是否愿意在婚姻中继续自己未来的20年。

她并非第一个认为自己在婚姻中付出了很多的人，甚至也不是第一个连夫妻交流都有问题的人。她的丈夫乔纳森有意的冷漠在当初他俩约会时看起来如此迷人，但多年以后她就觉得这是一种不感兴趣，而非深度。

帕特里夏曾经也没想做一位承包大部分照顾孩子工作的母亲，她希望夫妻共同承担。在两人选择要孩子后，比起最初的计划，她在工作上花费了更多时间。但鉴于乔纳森薪水不高以及明显缺乏动力，在养育孩子上只能说勉强凑合。他们的生活状况使帕特里夏认为两人分开是更加合理的解决方案。帕特里夏认为问题似乎都出在乔纳森身上，因此按正常的逻辑看，摆脱他就能解决这一问题。

直到某一天帕特里夏和自己正值青春期的儿子发生了冲突，这才使得这一问题逐渐明确的答案变得更加复杂。帕特里夏十分失望，因为儿子养成了对她说谎的习惯。在揭露了又一起隐瞒后，她跟儿子谈到了此事。在她谩骂的过程中，儿子目光游离，轻轻地说："妈妈，我必须对你撒谎。"

"什么？什么叫你必须对我撒谎？"

"妈妈，你可能不愿意听到这些话，但我们俩都知道如果我们向你坦白，你一定会朝我们大吼大叫，因此我们只能尽力隐瞒。"

帕特里夏一时感到窒息，在其他情况下她或许会对这样的指责火冒三丈，但儿子温柔而直率的表达为她勾勒了一幅让人无法忽视的画面。突然间，她仿佛看到了同事在工作中对她的回应和家里亲人对她的回应之间的联系，这其中也包括丈夫的沉默和疏离感。将两人沉闷婚姻的过错归咎于丈夫看起来过于简单，甚至可能是扭曲的。

和儿子的关键时刻开启了一段帕特里夏自我反省的小插曲，这让她意识到一种新的可能性。她开始怀疑自己行为的改变可能会极大地影响两人的关系。她的丈夫的确并不完美，她是婚姻中拥有绝对主导权的那一方，她可以改变自己。她并不确定改变自己是不是真的就会换来一段改善的关系，但她还是决定试一试。

成为专家以及试验对象

为了揭示目前关系中哪里有问题，你必须发现自己本身存在哪些优点和缺点。帕特里夏首先检索了关键时刻：那些影响两人关系的不愉快对话。不难发现其中的首要问题，那就是23年以来两人都遵守一个不好的规律。用帕特里夏的话来说，"每个月一到月底，我们都没钱支付账单。我很烦恼，向乔纳森抱怨，但如同对牛弹琴。随后我开始变得沮丧，而他却站起身，径直走出了房间。"

这样的对话每年都以同样悲伤的方式上演 12 次，这的确是两人的关键时刻，因为这一可预测的规律在爆发之后会影响未来几天或几周两人对彼此的感受。而对话中不好的行为有 2 个触发点：钱和乔纳森的沉默。

有关这 2 个话题的任何事情都会构成这个家庭的关键时刻，因为它们都反映出现实和帕特里夏所期望的情况并不一致。首先，她从未料到自己会成为夫妻中推动事业的那个人；其次，她的人生计划中从未想过会有一个几乎不会表达爱意，又不能够担起伴侣的责任，还对除了他自己以外的世界中任何事物没有一丝兴趣的丈夫。

随后帕特里夏开始以科学家的视角来看待他们夫妻之间的关系，力图寻找那些在财务紧张或者讨论谁应该多承担起带孩子的责任时没有引发激烈争吵的时候。她在寻找所谓的"正向偏差"，有时候帕特里夏在谈到两人所面临的挑战时，情绪会稍微有所不同，谈话也会愉快很多。现在她需要找出具体有用的策略，且使之变成习惯。在向最好的朋友寻求建议以及自己思考了几天后，帕特里夏发现了以下几个关键行为。

1. **思考，"这不是不对，只是不同"**。帕特里夏说道，每当隐隐有压力的谈话进展得比较顺利时，在开口说话以前她总会把此刻的乔纳森和以前的乔纳森相比，而不是拿他和自己比较。乔纳森总是以自己的节奏和方式完成事情，而帕特里夏发现当自己不再将乔纳森看作男版的自己，她的感受就会截然不同，两人的对话也会顺畅许多。

2. **闭嘴**。帕特里夏还发现只有自己在对话中偶尔短暂沉默时，乔纳森才会愿意说得更多。而她总是打破每段沉默，找到新的言语指责，尤其是关于乔纳森的沉默让自己多么沮丧。不过，现在她发现如果自己闭嘴的话，反而能鼓励乔纳森与自己交流。

3. 尊重而坦诚地交流。 帕特里夏总是将争论误以为是直率，她总是通过挑衅性的情绪爆发来告知对方自己的担忧，而她仅仅将这一切理解为自己的坦诚。因此，帕特里夏为自己制定了一项行动规则，当她对乔纳森感到失望时，尝试用一种更加尊重的方式来表达自己的关切。

帕特里夏总结说，如果她能够让自己放下某些预判、练习在对话中适当沉默、用更加尊重对方的方式表达自己的担忧，两人的对话一定会有所不同。如果这些关键时刻会与从前有所不同，她猜测两人的关系会和现在完全不一样。

专注于 6 种影响力来源

一旦帕特里夏清楚地知道自己想要做的是什么，即那些她认为会扭转婚姻关系的关键行为，她就必须找出一种既鼓舞人心又能促成以上这些行为的方法，而这无疑就是 6 种影响力来源发挥作用的地方。

来源一：爱上你所厌恶的东西

讲述一个完整又生动的故事。 如果你和大多数人一样，目前我们所讲述的关于婚姻关系的故事其发展必然是可预测的。你会将自己描述为无辜的受害者（"家里什么重活儿都是我来做"），而你伴侣的形象必然是十足的恶棍（"他从来都不听我说"）。你的处境如此恶劣而复杂，使你陷入了困境和无助（"和他说话根本没用，没人能够插得上话"）。

不幸的是，如果你用这样的方式讲述自己的故事，那么在你抨击自己"恶棍"般的伴侣时，极有可能会陷入自鸣得意、自以为是以及认为自己的行为总是合理的想法中。而这样想其实并没有问题，因为他或者她确实如此。就算他或者她知道了事实，但你的伴侣可能依旧会在今后有各种不好的行为出现，他或者她也是普通人，不是吗？

我们的观点并不在于你的故事是错的，而是它本身不完整。你正在让自己的行为远离聚光灯之下，并且你是最有可能做出改变的那个人。你需要讲述一个完整又生动的故事，包括某些伴侣积极的行为以及你自身存在的问题。

他并不是恶棍。当帕特里夏开始有意地回忆乔纳森在过去展现出某些美好的品质时，她对于关键行为的感受发生了极大的改变。举个例子，在帕特里夏开始考虑和乔纳森离婚前不久，她感染上了某种烈性病毒，身体出现了某些严重的症状。尽管此时帕特里夏对乔纳森深感失望，但她依旧能够回忆起乔纳森是怎样对待重病中的自己的。

"他为我竭尽全力，有天凌晨 2 点他离开家去为我买药，那时我一直呕吐，把家里搞得一团糟。我感到羞愧，向他道歉。他惊讶地看着我，说道'这一切都只是因为我爱你而已啊'。"

"当我回忆起这些过往，感受到的不再是从前那种自我辩护式的愤怒。这使得我更容易练习保持适当沉默和更加尊重对方的交谈。"除了回忆丈夫的美德，她还学会了停止将简单的偏好当作性格上本质的区别。举个例子，从前帕特里夏一直认为乔纳森回应的速度缓慢是因为他的无情和不负责任，而自己在争吵中的坦诚和据理力争正是表明了自己的责任感和忠诚。然而，当帕特里夏开始将乔纳森的方式描述为深思熟虑而非冷酷无情和不负责任时，她的感受发生了极大的转变。

我并非无辜的受害者。最终帕特里夏将自己的故事由"我是那个婚姻中一直有勇气和担当来进行艰难谈话的人"变成了"有时候，我确实过于强势"。这样的改变并不意味着帕特里夏将所有问题归咎于自己，实际上乔纳森确实应当在两人的关系中承担一定的责任。故事发生这样的转变仅仅表明帕特里夏开始承担起自己的责任，同时让乔纳森也承担自己的那部分。当讲述了一个完整又生动的故事之后，她感到有必要尝试对自己的行为做出细微的改变，也希望能够收到乔纳森新的回应。

而她确实这样做了，随着帕特里夏逐渐让乔纳森感到参与谈话更加安全，他开始发表自己的观点。这时帕特里夏才开始意识到乔纳森也一直在密切关注两人的关系发展，并且愿意尝试用不同的方式进行互动。

造访默认的未来。帕特里夏的默认未来对她自己来说显而易见。如果她不能找出一种方式来改变她（他们两人）互动的方式，她必然会继续感到孤立和怨恨，这同时会给孩子造成一种紧张而且可能有害的家庭氛围。她可以通过离婚来改变这一切，然后体会这一决定带来的好处与坏处，除非她能找到一种方式改变现状。

在帕特里夏回想自己在构建关于离婚这一选择的故事时，她意识到自己正在冒着这样一种风险：将身边很多人都选择的离婚看作是一种简单的逃离途径，她开始在脑海中强调离婚积极的部分（远离无休止的挣扎和孤独感）而避开可能存在的消极面。事实是离婚带来的结果是积极与消极相互掺杂的。后来她明白，当时像她这样的受教育水平和年纪的人离婚率只有23%，并非她常听到的50%。显然离婚是某种意外，而非一般情况。如果她能够找到第三种方式，不是维持现状也不是彻底分开，而是开始一段更好的、更健康的关系，会怎样呢？或许她应该继续尝试自己新的关键行为。

来源二：做你不会做的

一段好的关系需要技巧。"完美婚姻的关键在于找到一位对的人"这一错觉促使我们中间很多人从一段关系迅速转换到下一段关系中，希望有一天自己能够找到对的人。但在这一挑剔的策略背后毫无科学可言，事实上，健康关系的科学之道恰好与前文提到的"挑剔策略"完全相反。

选择也会出错。二婚比起首婚成功的几率低了34%，而三婚的几率比起首婚成功的可能性又低了10%。如果选择理论与某种事物有关，你可能会认为我们应该多加练习以提高自己选择的技巧，但实际上这并不管用。

技能会起作用。婚姻专家霍华德·马克曼曾指出，在管理婚姻冲突的技巧上做适度投入会帮助夫妻将在关键时刻分道扬镳的可能性减少50%！

而提升管理夫妻关系的技能重点在于刻意练习。在"来源二：做你不会做的"中我们看到了帕特里夏怎样让乔纳森做自己的教练，帮助她练习怎样运用关键谈话的技能来解决她在工作中需要搞定的问题。"工作练习"使得她和乔纳森有机会聊到他们两人平时谈话的方式。

对于乔纳森和帕特里夏来说，如果两人希望改善彼此之间的关系，就必须发展新的技能，起初这一发现对于两人来说都很意外。但随后他们意识到，和大部分人一样，他们的人际关系技能大都来自原生家庭，这并不是一个好消息。帕特里夏那"直言不讳"的双亲一直以来说话都像在大吼大叫，再加上踢家具和摔门；而乔纳森则相反，双亲都是那种火烧眉毛才会叫一声的人。

因此,他们找了一位婚姻专家做他们的教练,一起提高技能。

帕特里夏发现自己的关键行为之一:闭嘴,确实避免了打断乔纳森说话的行为,也让她不再主导整个谈话,但简单的保持沉默也不足以推进整个谈话的进度。对此帕特里夏解释道:"有一天乔纳森感谢我,在他说话的时候能保持安静,但他可以明显看出我听的目的不在于理解,而在于挑刺。而在我说话时,我从没有通过复述他的观点以试图理解他,相反,我急切地跳出来反驳他。你知道吗?乔纳森是对的,我必须练习倾听,目标在于理解,而非取胜。"

至于乔纳森,他应该努力让自己大声说出来,而非只是沉默不语,然后希望问题会凭空消失。起初他会以十分挑衅的方式脱口说出自己的想法(帕特里夏已经给他做出了太多示范),但这并不起作用,因此他必须学习并且练习用坦率且尊重对方的方式说话,这也是帕特里夏同样需要学会的。

来源三和四:把共犯变成盟友

重新定义"正常"。保罗·阿玛托是宾夕法尼亚州立大学社会学教授,他对所谓的"低冲突"离婚进行了研究。根据他的研究,大约一半的离婚发生在婚姻关系进展相当顺利,而某一天突然终止的情况下。进一步研究后他发现,这些离婚首要的预测因素是伴侣双方父母的离婚率。

现在如果你用心阅读的话,也许会猜测他们可能和乔纳森与帕特里夏一样,从父母那里继承了坏习惯。但阿玛托发现除去缺乏人际交往技能的影响,低冲突离婚中最大的因素在于期望过低,这些夫妻会认为离婚是

"正常"的事，因此他们最终会选择离婚。

对于大部分人来说，离婚已经被过时的统计数据正常化，多年以来我们总是听到过半的婚姻最后都以离婚收场。仔细想想，知道这一数字（过半，即 > 50%）会对你的婚姻有何影响？它又会怎样影响你的决定，是对婚姻全力以赴还是半途而废？如果你知道 5 桩婚姻中只有 1 桩会在 20 年内告终，你又会怎样衡量你的选择？将其与前文超过半数的离婚率下你的选择做比较，这会有何不同呢？对于大多数人来说，确实会不同。事实上，50% 的离婚率是基于对 20 世纪 50 年代开始的婚姻追踪得到的，而那时大部分女性结婚年纪不到 21 岁。

如今，婚姻作家塔拉·帕克珀朴的研究表明，依旧存在的婚姻有比主流媒体所勾勒的婚姻持续时间更长的希望。如今正常的首婚年龄在 26 岁，一项始于 20 世纪 70 年代的研究分析了 20 年的离婚率，发现在 25 岁后结婚的大学毕业生离婚率仅为 19%。

现在我们要再申明一次，我们并不是要对任何人维持婚姻或者离婚的决定进行评价。这完全是个人选择的问题，而有时候最明智的做法显然是结束一段麻烦不断或者不健康的关系，在这些情况下我们通常需要来自社会中他人的帮助，来让我们认清这段关系是否应该终结。事实上，最近在"改变一切"实验室里的一项研究表明，有时要让夫妻做出结束这段糟糕关系的决定比起做出维持婚姻的决定，所需要的社会力量更多。

尽管终止或继续维持一段关系是个人选择问题，但这些选择很少是在没有社会影响的情况下做出的。如果你想做出对自己最有利的选择，你需注意到自己认为什么行为是正常的，也要留心周围的人对你的积极影响。

几年以前，在"改变一切"实验室开展了一项关于 350 对夫妻"婚姻触礁"的研究，这些夫妻都经历了一段想要跟彼此分手的日子。我们惊讶地发现他们所面临问题的严重性程度并不是预测其婚姻终止的唯一因素，朋友的话对此也有很大影响。在我们所研究的这些夫妻之中，大约 1/3 的人做出离婚决定是基于密友的鼓励，而与关系本身存在的问题严重性无关。

这项发现中至少有一点暗示是很明显的，如果你已经决定了让婚姻关系恢复正轨，你最好让自己的爱人和熟人一起帮助你。仔细看看身边的人，谁是你婚姻关系中的朋友，而谁又是可能会导致你分手的共犯呢？必要的话，和这些使你偏离正轨的人开展一次转变性谈话，和他们分享你的困境与目标，并向他们寻求帮助，或者至少抵消掉消极的影响。

这并不是某种新奇的想法，在"婚姻触礁"研究中与之最一致的发现就是教练在帮助婚姻关系回到正轨上有着巨大影响。几乎每一对都曾经考虑离婚，但最后找到了让关系恢复正常的方法的夫妻都依赖于某个双方都信任的人的鼓励和促进影响。将这些教练看作这一场夫妻互相责备的游戏里的中立方，不管他们是咨询师、地区领导者还是值得信赖的朋友，这一点是十分必要的。如果他们开始有立场，就会比朋友带来的危害更大。

让咱们看看在帕特里夏身上这一切是怎样起作用的。她在处于自己人生最黑暗的时光离家出走，但并非想要抛弃自己的孩子，并且也没有做出签署离婚协议的决定。然而，她其实离签署协议也不远。她审视了自己的默认未来，看到的是无尽的孤独、领导这个家庭以及为此付出所带来的无尽负担。因此在 10 月的某个早上，她离开了寒冷的明尼阿波利斯，飞往圣路易斯奥比斯波，去那里和自己的哥哥度过了 1 周时光，而这一趟旅程改变了一切。

现在想想为何压力过重的人通常会计划外出，他们正处于情绪的低谷，想要得到实际的帮助，但他们倾向于寻找那些同情他们困境的伙伴，他们会寻找捍卫自己而非对自己说教的人。因此，他们寻求帮助的人通常会帮助当事人证实自己确实是无辜的受害者，以及只要有机会，就等不及把他们的伴侣描绘成十足的恶棍，而不是帮助当事者看清自己在婚姻关系中所扮演的角色。

真正的朋友，与之相反，会在安慰你的同时帮你看清事实，为你提供智慧，而这也正是帕特里夏所经历的。她和自己的哥哥汤姆相处了 1 周，汤姆一直以来对婚姻和家庭咨询颇感兴趣，最后成为该领域的一名专家。在圣路易斯奥比斯波的 1 周时光是帕特里夏人生中最开悟的时期。哥哥帮助她明白自己的某些行为也会影响她和丈夫的关系，进而导致丈夫做出某些恰好让她发怒的回应。同时，哥哥和嫂子也给了帕特里夏足够的空间，爱她，包容她。

通常，我们认为如果所做的决定是教练想要的，那么这一决定就是正确的。这很正常，我们寻求建议，然后将其运用到我们的选择中。然而，聪明人和普通人相比，不同之处在于他们在选择咨询师或者教练时会采取小心谨慎的态度。他们会寻找经验丰富（通常是接受过训练的）且更有见地的人。真正的朋友会提供真诚的反馈和可以实践的策略，而共犯，尽管初衷可能是好的，但更倾向于加入"难道他或她不是很糟糕吗"的游戏中，这样只会把问题搞得越来越糟。

当你和帕特里夏一样在预订去圣路易斯奥比斯波的机票或其他类似的

东西时，一定要确保你是在奔向一位明智的朋友，而非共犯。

来源五：改变经济模式

一旦帕特里夏和乔纳森共同制订两人的改变计划，他们就决定要使用激励机制使自己保持在正轨上。双方都很明确离婚的代价有多大，举个例子，女性在离婚或永久分居 1 年后，生活标准会下滑 73%，而男性也会陷入贫穷，尤其是需要夫妻双方收入才能使家庭富裕起来的婚姻。

但这并非两人选择通力合作解决问题的原因，他们清楚财务上会有困难，可这并非驱动力。因此，他们没有关注离婚的代价，而是使用了小小的奖励来帮助他们纪念和庆祝在关键行为上取得的进步，他们会用一次特别的夜晚外出或一瓶最喜爱的红酒来庆祝度过和平的一周。设置一些对好行为的短期奖励是强调初步胜利的一种极佳选择，同时也可以让彼此更加关注他们在哪些地方取得了进步。

来源六：掌控所处的环境

在某种程度上，帕特里夏和乔纳森的问题可以追溯到两人的爱巢，巨额的按揭贷款使得帕特里夏不得不工作更长时间，因此留给婚姻的时间就更少。早上 6:30 她就已经出门了，无数个夜晚她都是 9:30 下班，然后径直走向床沉沉地睡去。随着两人关系逐渐降到冰点，他们才意识到他们的作息严重受到买房这一选择的影响，两人之间的交流更加有距离感，频率也更低，让彼此充满压力。

在帕特里夏制订改变计划的同时，她和乔纳森的首次对话内容之一就是他们需要改变两人所处的环境。成功的改变者都是如此，他们使用物理因素来帮助自己（有时甚至是不可避免的）促成关键行为。

管理距离。很多情侣选择在遇到感情问题的初期与对方保持距离，使自己的情绪逐渐平复。采取双方都同意的暂停时间⊖会更加容易促成好的行为，避免坏的行为。

与乔纳森和帕特里夏的例子一样，很多夫妻也在诸多方面做出了关键改变，例如日程、房子面积大小、房子的位置、生活习惯、夫妻待在一起的时间等。事实证明，距离不会让心灵靠得更近，只有相似性（即有共同健康行为的夫妻）才会做到。

修建栅栏。任何一段关系中，你能做好的一件事就是远离那些尖刻的语言冲突，设置谈话时必须遵守的规则，排除退缩、侮辱、打断的可能性。举个例子，我们其中一对改变夫妻通过抛硬币来决定谁先开始说话，"赢家"可以有 5 分钟的时间表达自己的关切（由计时器严格控制），当 5 分钟结束后，另外一方再进行总结，直到第一位说话方觉得自己所表达的关切已经被对方理解。随后，另一个人有 5 分钟时间再继续这一总结的过程。

双方一致同意他们的目标不在于解决问题，而在于理解对方。并且目前为止这一简单的寻求理解的过程也确实为两人带来了很多在解决问题上的共识。通过商定结构化的规则，为对话创造安全且不受约束的路径，关闭了危险的外坡道，使他们的行为保持健康和高效。

改变提示。有时夫妻间的问题总是在同一个地方出现，他们可能会经常在厨房吵得不可开交，起居室也会是两人的角斗场。随着时间推移，这些地点会发出导致冲突的提示，物理环境与问题之间存在如此大的联系，

⊖ 指夫妻双方约定好生气的暂停时间。

以至于你一跨过门槛，新的问题就会接踵而至。

如果这种情况对你也适用，你可能也想找个不同的地方开展某些高风险的对话。举个例子，你可以在街区附近计划一次散步，抑或和"来源六：掌控所处的环境"中海伦和里卡多的做法一样，使用门廊。而有些夫妻有意在公共场合减少沟通的频率，因为他们知道在公共场合打架必定是一件很尴尬的事情。

故事尾声。帕特里夏已经在自己的改变计划上坚持了 4 年，就在昨天她回忆起从前，对自己曾经选择通过改变自己来挽回两人的关系感到无比感激，而今天她确实做到了。

更现实一点来看，并非一切都发生了改变。例如，正在她评估两人取得的进步时，她转向乔纳森问道："比起以前，我是不是更好相处了呢？"

乔纳森依旧是从前那个笨嘴的家伙，他并没有变成"爱讲闲话的凯西"，他一向深思熟虑，认真地思考自己的表达方式，然而这一次，在一阵短暂的沉默后，他对帕特里夏说道："是的。"

帕特里夏开心地笑了，随后乔纳森又真诚地说道："你对我更有耐心了，真的谢谢你。"

如今他们的最新仪式是在晚上看一场电影。因为两人没有电视，所以他们用电脑看电影。随着日子越来越长，夜色越来越美，他们有时也不看电影，因为两人都沉浸在和彼此的交谈中。帕特里夏说道："现在和乔纳森待在一起，我感到一种前所未有的自由感，我可以告诉他什么事情让我烦心，什么事情让我困惑，甚至是他让我烦心或者困惑的事情，我也会告诉他！"

那你呢

为了阐明应该怎样将关键改变所蕴含的原则和技能运用到一段关系中，我们一头扎进了由两位善良的人所分享的私人故事中去。那你呢？如果你审视自己在家庭和工作中所扮演的不同角色，又会有怎样的感想呢？你可以终止或者开始任何行动以帮助你创造出更多你想要的关系吗？

诚然，对方也需要改变，并非所有的责任都在你。再说一次，你才是能够完全控制自己的那个人。你能想起哪些使事情进展顺利的关键时刻吗？你做的某些事情是否正在加剧现有的问题？你应该设置怎样的关键行为，确保自己不再犯同样的错误？你会采取哪种影响力因素来确保自己会坚持到底？

| 总 结 |

怎样改变一切

在你放下本书之前,我们想确保你已经快速而高效地开始为自己的个人改变做出努力,或者在更多方面开始有所起步。为了做到这一点,我们提出以下几条建议。

1. 从点滴开始做起,从现在开始做起

我们已经为你提供了一种谨慎思考个人改变的科学方式,并且告知了你关键时刻、关键行为、6 种影响力来源、学习并调整的必要性。

遵循这些建议基本上不会像表面看起来那么困难。举个例子,当你运用 6 种影响力以支持自己的新习惯时,改变通常就会发生,而此时你可能已经让更多的影响力来源为你服务。很多人仅仅通过增加 1 种影响力来源就取得了成功。

举个例子,仅仅是用更小的盘子和餐具,或许你就能如愿逐渐减去几磅。

把共犯变成盟友，或许你就能克服戒烟目标路上的障碍。

将你的职业目标变成一场比赛，即将其分解为一个个小的胜利并创造一种与之对应的新计分方式，或许你很快就会得到提拔。

从本书中借用一种或几种想法放在你之前努力的事情上，这种尝试完全没有错。将改变一切模型看作是随时间不断改进你计划的方法。

现在就开始行动。从自己所经历的成功和失败中吸取教训，然后做出调整。最终你会找到能够帮助到你的正确策略组合。

2. 记录下来

不要忘记我们在"成为专家以及研究对象"中分享的一项重要研究，你所拥有的最有利的改变工具就是可以用来记录的各种设备：铅笔、钢笔、笔记本电脑。仅仅是简单地记录你的计划，就会使你的成功几率增加1/3！

3. 想象

本书中所包括的所有素材都可以影响他人，包括朋友、同事、团体、公司等任何受到人类欢迎的组织。我们选择在本书中以个人改变作为描写对象，但它的续集《改变者：改变一切》中我们会使用同样的模型用以改变他人。我们会为你展示如今你也熟知的科学方法怎样帮助别人实现他们难以置信的改变。

举个例子，我们已经展示了一个没有权势的人怎样通过改变接近6 000万市民的行为来减少艾滋病感染，最终使艾滋病感染率减少了90%，而他在短短几年内就实现了这一切。我们还向大家介绍了一位女士，是她帮助了超过 15 000 位重犯成为勤劳而又遵纪守法的市民。我们还揭示了一位普通市民影响美国医疗事业其背后的影响原则，是他影响了医疗部门的工作人员，让他们能够从各种医疗事故中拯救出 10 万条生命。

我们之所以分享这些是因为我们想让你知道，和上文所描述的那些人一样，你也可以运用刚刚学到的这些改变策略去解决各种各样的问题，帮助各种各样的人。这 6 种影响力来源影响了人类所有的行为，包括你身边的每个人。想象一下如果你运用这 6 种影响力来源去克服犯罪行为、提高教育质量、根治疾病……没有什么是不能做到的。

好好思考一下这个问题。如果世界上有 100 万以上的人知道怎样运用有用的科学来帮助人类实现改变，这个世界会变成什么样呢？很多重大的问题都会一一得到解决。这是因为当你专注于关键行为并让 6 种影响力来源为你服务，改变就会在你身上发生。当你鼓励并且促使他人采取自己的关键行为，他们身上也会发生改变。

4. 改变世界

在本书开篇就已经提示过，我们的目的不仅仅是写一本好书，而是帮助你实现改变。我们非常希望阅读此书会提高你的能力，让你可以成功改变某件对你而言十分重要的事情。更重要的是，我们希望你能够开始着手改变。

最后可以放心，尽管在人类改变方面依旧有很多东西需要学习，但比起从前你已经基本掌握了高效改变的方法，并且掌握了改变一切各种系统的方法。我们希望的是，现在你就能够行动起来，实现某种改变。

作者简介

本书作者团队曾出版过四本《纽约时报》畅销书，即《关键对话》《关键冲突》《关键影响力》《关键改变》。同时，他们也是企业培训和组织表现领域的创新企业 VitalSmarts 公司的联合创始人。

科里·帕特森（Kerry Patterson）著有三部获奖培训作品，曾负责过多个长期行为变化调查研究项目。2004 年，帕特森获得杨百翰大学马里奥特管理学院迪尔奖，以表彰他在组织行为领域的杰出贡献。帕特森在斯坦福大学从事组织行为方面的博士研究工作。

约瑟夫·格雷尼（Joseph Grenny）是一位知名主题演讲师，也是在企业变革研究领域从业 30 多年的资深顾问。此外，他还是非营利组织 Unitus 的共同创始人，该组织致力于帮助世界贫困人口实现经济自立的目标。

戴维·马克斯菲尔德（David Maxfield）是一位优秀的研究学者、顾问和演讲师。他领导的研究项目主要涉及医疗疏忽、安全风险和项目实施领域人类行为的影响。马克斯菲尔德在斯坦福大学获得过心理学博士学位。

罗恩·麦克米兰（Ron McMillan）是一位广受好评的演讲师兼企业咨询顾问。他是柯维领导力研究中心的创立者之一，曾担任该中心的研发部副总裁。麦克米兰与《财富》500 强企业中的不少领导合作过，其中既包括一线经理也包括高级总裁。

艾尔·史威茨勒（Al Switzler）是一位著名咨询顾问兼演讲师，为《财富》500 强中数十家企业提供过服务，主要从事培训和管理指导工作。史威茨勒是密歇根大学行政开发中心讲师。